黄玉玲

你的善良，也许只是软弱

文化发展出版社
Cultural Development Press

图书在版编目（CIP）数据

你的善良，也许只是软弱 / 黄玉玲著. —北京 ：
文化发展出版社有限公司，2019.9
ISBN 978-7-5142-2720-8

Ⅰ. ①你… Ⅱ. ①黄… Ⅲ. ①心理学—通俗读物
Ⅳ. ①B84-49

中国版本图书馆CIP数据核字（2019）第189606号

你的善良，也许只是软弱
著　　者：黄玉玲

责任编辑：周　蕾
特约监制：魏　玲　潘　良
特约策划：韩　烨
特约编辑：郑晓娟
封面设计：仙　镜
出版发行：文化发展出版社有限公司（北京市翠微路2号 邮编：100036）
网　　址：www.wenhuafazhan.com
经　　销：各地新华书店
印　　刷：河北鹏润印刷有限公司

开　　本：880mm×1360mm　1/32
字　　数：150千字
印　　张：7.5
印　　次：2019年10月第1版　2019年10月第1次印刷
I S B N：978-7-5142-2720-8
定　　价：45.00元

黄玉玲——著

你的善良，也许只是软弱

文化发展出版社
Cultural Development Press

推荐序

你觉得自己活得真实吗?

你有真切的存在感吗?

你会常常体验到自在吗?

你能充分享受与人的相处吗?

你能自如地谈判吗?

你能直接与人谈利益吗?

……

如果这些问题，你不能给出肯定的回答，那么原因很可能是，你没有活出攻击性，你的攻击性被压抑了。而你的攻击性被压抑后，你可能呈现出一种瘫软的好人状态，没有活力，也没有创造力。在他人看起来很善良、很好，但从另外一个角度来看，这同样是一种软弱。

攻击性，是精神分析中的核心概念。弗洛伊德说，如果一个人不能象征性地、合理地表达自己的攻击性，就会出现心理问题。温尼科特说，每个生命都宛如一个气泡，若想在这个世界上彰显存在，就要扩张气泡的大小。所谓“攻击性”，就是气泡扩张之动力的直接展现。

我喜欢直接说：“攻击性就是生命力！”如果你不能合理地表达攻击性，那意味着温尼科特所说的能量泡在你这里出现了坍塌。具体就是，你变得不敢表达、不敢捍卫自己，总是忍气吞声，生命不断萎缩。并且，你很容易成为滥好人，努力压制，拼命付出。

然而，你会悲哀地看到，你的好并不能换来认可，特别是不能换来亲密，甚至会被辜负和背叛。

真爱，必然要从真实开始。如果你失去了攻击性，也就失去了真实。然后，真正的爱与亲密，你也一并失去了。

当然，谈攻击性，我从来不是说，你要直接去伤害他人。那样意味着，攻击性变成了破坏性。攻击性，是中性的、原初的生命力，它可以被祝福，也可以被诅咒。

黄玉玲老师是我们广州工作室的首席咨询师，这本书主要是通过解读攻击性，学会支配自己的力量，活出自在人生。我由衷地觉得，黄玉玲老师是为大家解读“攻击性”这个话题的最佳人选。

最直接的原因是，我写“得到”专栏《武志红的心理学课》的一年多时间里，黄玉玲老师一直是我专栏的顾问。同时，我们每周会召开一次例会，进行各种探讨。在这个过程中我发现，但凡涉及攻击性的话题，黄玉玲老师那里总有很多生动的故事，并且是成功地表达、处理或转化攻击性的。也就是说，在这方面，她心中有大量饱满的故事，这是比有系统的理论更为重要的基础。

更深层的原因是，黄玉玲老师的父母、爷爷、奶奶都是不好惹的人，特别是她的父母和奶奶，攻击性堪称“超群”。

讲个故事吧。

她的妈妈和奶奶持续发生冲突，她爸爸请奶奶离开自己家，奶奶就叫了娘家人来教训儿子。她奶奶请来的是她爸爸的舅舅和四个兄弟。这五个男人，特别是其中一个还是长辈，你可以想象那种场景，那种压力。

她爸爸的舅舅对他说：“这件事你做得不对，我必须打你一个耳光。”听到这句话，黄玉玲爸爸立即“爆”了，他说：“你试试看，你要敢这样做，我会让你们五个都倒下。”

黄玉玲的爸爸的确是一个不好惹的人，他有这个名声，他的气势也吓住了这五个男人。虽然人多势众，但他们终究没敢动手。

爸爸不好惹，妈妈也不好惹，奶奶也一样。同样地，黄玉玲也不好惹。这一家人都是活出了攻击性的人。同时，他们的世界是开放的，情商很高，人缘很好，相互之间也充满情感。当然，有爱也有恨。

你必须活出攻击性，然后你才能真实。也因为真实，你才有可能建立真实的情感关系。当然，攻击性也是危险的，它不能简单地发泄，也不能真去伤害人、真去搞破坏。把攻击性活成生命力，这需要智慧。

在这一点上，黄玉玲老师是极好的人选。无论从数据上还是从直接反应上，她都是我们工作室最好的咨询师之一。就做咨询这一点，黄老师远胜于我。通过黄老师讲述个案以及她生活中的细节，你会看到黄老师的功力。

攻击性的确是极为重要的命题。这本书总共分为三个部分，在阅读的过程中，你将学会平衡自己的攻击性，升华、转化它，有策略地运用它。

跟随黄玉玲老师，开启你的隐藏力量。不再惧怕软弱，不再伪装善良，活出一个有创造力、有生命力的自己，活出一个肆意、畅快的自在人生。

武志红

自 序

我这本书，与大家做一个关于攻击性内容的探讨与分享，这源于曾和武志红老师有一年在“得到”小组的思想碰撞。我跟伙伴们分享最多的，是我和我的来访者、我和我家人，以及朋友之间的故事。这些故事有许多是很沉重的，它们常常带我们进入更深的思考。也有很多是轻松、温暖，甚至有趣的，它们让我们看到了希望。

透过心理咨询这样深入生命的工作，我逐渐深刻地看到，我们身边很多人都过得不快乐。而这样的人，多数内心都很善良，不会甚至也不忍心拒绝他人的要求。他们对身边的一切都尽职尽责，甚至过度付出。但是，他们没有因此感觉到力量和富足，反而感到越来越孤单。

发生了什么？当你那样去呈现你自己时，其实，你没有照顾好自己。也许，不会拒绝的背后是恐惧被报复、内疚。这里面藏有巨大的软弱。人们总是不愿意让这软弱见到光。这背后，或许是更深的羞耻。这一环扣一环的痛苦，使人们必须穿上保护的衣衫。比如善良，又或者，我们用另一个更精确的词来说——“好人”。这件衣服穿上后会带来某种安全感，但这是虚假的安全，内心的匮乏没有停止过。真正的力量来自我们直面内心的软弱、人性的暗黑，并从中成长。

你是否也会逃避这些软弱？

你是否在面对他人的无理要求的时候，说过“不”？

你是否想过你自己的愿望，可以不再羞耻，而是理直气壮地去追求？

我看到身边还有很多人，他们热烈地活着，他们勇敢地去爱，不管别人怎样评价。他们勇敢地去做，不管别人怎样反对。他们可能碰得头破血流，也会沮丧、感到挫败，但是他们没有放弃。他们的眼神，总能看到希望和快乐。

动画电影《大鱼海棠》里有这样一句台词：“人生这个旅程很短，你不妨大胆一些，去爱一个人，去攀一座山，去追一个梦。”而这些大胆，来自哪里？就来自你内在的攻击性。

但是，我们的常见误解是：攻击性是可怕的，是恶魔，会毁掉我们的生活，毁掉我们的一切。这是把攻击性等同于破坏性，这是对生命力的误解与辜负。

我希望这本书带给你的不仅仅是对攻击性的全新视角，还能让你借此打开一扇窗，去真正理解你自己，活出充满力量的自在人生。我会通过自己的解读，帮助你多维度地理解攻击性。相信这将为处于成长困境、关系泥潭中的你提供解决问题的动力。

深入地体会这本书，你将会读到以下内容：

第一部分，重新认识攻击性。我将分享给大家的是攻击性的美学篇。因为攻击性被误解，很多生命体验被卡住。我会从生命动力与发展需要的角度去阐述攻击性，让你重新认识及审视自己的攻击性。

第二部分，了解攻击性的起源。这部分主要谈的是攻击性与全能自恋，聚焦在一个人无所不能的自恋需要，以及对他人的期待上。这也是攻击性发展的起源阶段，我们将通过对这个阶段的了解，学习如何通过攻击性，建立与他人、与世界的关系，探知现实的边界。

第三部分，是本书最核心的内容。在这一部分，我们将进入真正的“江湖”，看到现实的残酷、人性的挣扎与自我的冲突。我将通过大量的咨询案例与个人经验，与大家分享在不同关系、情境下，如何实现攻击性的转换，找到应对困境的资源。具体聚焦于常见的抑郁、焦虑的原因，主动攻击、被动攻击的表现，以此来进一步了解攻击性的表达方式。

要特别感谢金庸先生，他的《射雕英雄传》是我小时候的最爱。我借用了这本书中的一些内容来帮助我们更有趣地理解攻击性。

现实惨淡，我们需要被安抚，同时也需要去创造。世界经由你的心，将会不同。愿你有勇气、有策略，活出一个有创造力、有生命力的自己。

黄玉玲

目录

PART 1

攻击性：美学篇

攻击性之真实之美：过度防御会使关系陷入困境

可能你会疑惑，攻击性怎么会有美感呢？

什么是攻击性？

来看看下面的一些场景，看看你是否有攻击性冲动。

1. 假设你是一个孩子，你正在专心致志地搭积木，眼看着就要搭完了，你的小伙伴跑过来恶作剧地把它推倒，却傲慢地拒绝向你道歉。

2. 假设你是一个孩子，你正在兴致勃勃地搭积木，你的爸爸或者妈妈走过来，对你的积木进行各种指点，认为你应该搭成那个样子，而不是现在这么难看的造型。

3. 假设你是一个孩子，你的积木已经搭成，你满怀期待地喊你的爸爸或者妈妈来看，迫切地希望与他们分享你的成果，你很兴奋。但是，你的爸爸在打游戏，脑袋都没抬一下，让你喊妈妈。你的妈妈正在做晚餐，她顺口埋怨地问你，为什么不喊你爸爸去看？

这三个场景其实我们并不陌生。我们正在建造的东西被破坏掉；当我们正在进行自己喜欢的事情时，被父母打断，被批评、贬低；当我们满怀期待地想跟亲爱的人分享我们的成就时，对方却非常冷淡、埋怨和漠视。这些都会使我们感到不舒服、生气、沮丧，还会想吵、想闹。现在，你仔细感受一下，当这些感觉到来的时候，还会有一种冲动出现。这种冲动使人们很想去还击，想去破坏，想让对方知道你有多么不爽。这种冲动，就是攻击性冲动。

每个人的内在都有攻击性，但是没有出现攻击性行为时，只能叫作一种攻击性的冲动。它通常是当人们的内心感觉到一些外在的危险时自然而然产生的一种本能，具有防御的功能。同时，也是对受挫折的一种反应。

在上面讲述的场景里可以看到，攻击性发生在关系的双方之间时，一方对待另一方的方式可能本身就是具有攻击性的。入侵别人的节奏、未经邀请随意批评、忽视对方，这些也是在表达攻击性。而攻击性也会唤起被攻击者的攻击性，使冲突升级，不利于关系的发展。

真实面对情感，会带来改变

那我们来看看，为什么人们要用这样的方式表达攻击性呢？有一个最直接的原因，就是这样的人不能直接表达真实的自己。真实的自己是什么？就是与自己内在真实的情感在一起，不去伪装，不去遮掩，对自己坦诚，对别人也坦诚。

当你不能跟真实的自己发生连接时，这通常意味着，有一些障碍挡在了当下的你和真实的自己之间，其实也挡在了你和他人之间。这些障碍有可能是很让你难受的，你可能会感到恐惧、愤怒，却难以表达。这些感觉是非常不舒适的，为了让自己舒服一点儿，人们会启动一种防御，就像建造城墙，有了这个防御工事，城里的人就会感到安全一些。

我们每个人都有或多或少的虚假时刻，这是一种防御策略。它像面具一样，为我们挡住了许多危险。这样的时刻逐渐多了以后，真实的自己就不知道去哪里了，仿佛他们失联了一样。就像我们前文提到的例子，如果那个小伙伴愿意面对自己的过错，勇敢地承担责任，跟你说：“对不起，我看你搭得这么好，我却搭不出来，我就很生气，于是破坏了你的作品。”我想你的感受会不一样，你可能会觉得生气，但是不至于很想报复了。

在另外两个例子里，如果父母能意识到自己对孩子没有达到自己的期待而感到愤怒，那么他们将有机会去处理自己的愤怒。他们也有可能反思，自己这样做对孩子是很不公平的。他们可以这样对孩子说：“我一直以来不断地挑剔你，是因为我在你那里投入了太多期待。之前我没有意识到这一点，现在我知道了，很抱歉让你受了这么多委屈。”当父母可以这样表达自己，跟自己的愤怒在一起时，他们就有机会真正地看到孩子本身。

在第三个例子里，如果父母能够明白自己的确很累，需要休息，也许可以坦然一点儿跟孩子说：“我实在太累了，刚刚无法回应你，这可能让你不舒服，我希望我还有机会来看看你的积木作品。”这样的方式也是直面自己的疲惫和无助。当你带着诚意说出你的真实想法时，孩子会去理解这一点。那么，孩子因为被拒绝而产生的攻击性冲动也就这样被化开了。

这就是真实地面对自己的情感会带来的改变。当人们受到的伤害被看见、被承认、被尊重时，人们的攻击性会减弱，而呈现一种非凡的力量之美。

心理咨询中的真实与坦然

我在咨询中也常见到这种情形，比如我没有理解来访者，当来访者表达愤怒的时候，如果我的反应是防御式的“我没有啊，我很理解你啊”，那么就会使关系的张力变得更大。可是，如果我放松自己，允许自己更加真实地存在于这段关系里，我就会体会到对方真正的感受。他可能正在经历着某种挫败，我无法理解他对他来说就是一种失望，这里面隐含着一些攻击。而如果我回避和防御，就像是否定了他的感受，这也会让他感到被攻击。所以，他也会攻击我。这样的咨询关系很有可能就进行不下去了。

更加真实的方式就是坦然面对。我一般会这样对来访者说：“哦，刚刚你觉得我没有理解你，所以你感到很失望。”就这样的一句话，意味着咨询师进入了来访者的世界，去理解和尊重来访者的感觉。

生活中的真实之美

当攻击性冲动甚至攻击性行为在双方之间来回穿梭时，真实能够带来的巨大力量存在于很多方面。

我的一位朋友是一个特别有魅力的情感问题专家，她每一次做讲座，总是能够吸引很多人的关注，因为她的讲座确实简单明了、深入浅出、逻辑清晰，且饱含深情，总是能够打动人心。有一次，我问她：“是什么原因使你被这么多人喜欢？”她说：“我并没有什么特别大的本事，我说出来的只是一些很真实的东西。我看过，我体验过，我相信，我就分享给大家，仅此而已。”这就是真实的力量。

我问过她的一个粉丝：“是什么吸引你去听她的讲座的呢？”她说：“因为老师讲得很清楚、很真心。我以前听过一些其他的讲座，当老师不能够直接地表达的时候，我听得不舒服。听完了之后甚至感到很生气，觉得被堵住了。听这个老师的讲座，听完了就像五体通泰，特别喜欢。”

我自己也深有体会，当一个人的发言总是绕来绕去的时候，我自己也感觉厌烦，很快就会失去兴趣，最后就莫名其妙地感到生气。根本原因是，这种发言没有跟事物的本质相连，也没有那种真实的力量。真实意味着你需要透过面具去看那个你一直想要隐藏的自己，那里面可能有许多脆弱、许多羞耻、许多恐惧，但是一旦你诚实地面对它、看见它，你就有更多的内在力量，你便不会非要以攻击性行为来处理冲突。

有时候，我没管住自己，对孩子凶了一些，我的女儿就会跟我说："妈妈，你对我很凶的时候，你一点儿也不美。当你温柔地跟我说话的时候，你就像花儿一样美。"凶她，意味着我在防御，我感觉到有些不舒服，却没有直接说。通常，当我的状态比较好的时候，我会比较包容。这个时候，我对孩子会比较有耐心，也会很温柔。但是，我并不能时时刻刻都做到这样。真实的自己就是，当我做不到的时候，我跟女儿说："宝贝，我现在很累，我想先休息一会儿，等我休息好了再回应你。"

我注意了一下，当我没有敌意地对她这样讲的时候，她一般都是能够接受的。

真实的人总是非常有魅力的，既不会因为恐惧而过分迎合，也不会因为自卑而过度收缩，他就是一个真实、简单的存在。真实的表达使攻击性冲动有更大的空间去转化。

真实就像花儿一样美好，就像我的孩子说的那样。

总结

（1）每个人的内在都有攻击性，但是没有出现攻击性行为时，只能叫作一种攻击性的冲动。它通常是当人们的内心感觉到一些外在的危险时自然而然产生的一种本能，具有防御的功能。同时，也是对受挫折的一种反应。

（2）人们不能够真实、坦诚地表达自己时，便会采用防御的方式来处理冲突。过度防御会使关系陷入困境。

（3）当我们真正地与自己的情感在一起时，就会重新找回与真实自己的连接，也将会有力量化解冲突中的攻击性。

攻击性之流动之美：
允许负面情绪流经自己的身体

如果说我们把攻击性的真实之美比喻成大自然的山，那么流动之美就是水，它有着水的灵动、柔软、富有张力。

在关系里呈现的攻击性，如果能够被接纳、理解和消化，便会呈现如水一样流动的质感，让人感到通畅。你会发现，两个人打闹一场后，关系反而更加亲近了。

晓文和我的故事

给大家分享一个在我的咨询中发生的故事。[①]

我们就叫她晓文吧，她向我咨询了快两年时间。最近几次见面，她都表示正在考虑要不要继续咨询。我问她为什么。她说，她觉得咨询没有什么用，也帮不了她什么，在这里感觉既浪费时间又浪费金钱。我请她说多一点儿。她说，没有什么可说的了，就是这些。

显然，我们的咨询陷入了僵局。某种能量被卡住了、凝固了，甚至变得没有温度，也没有希望。晓文心里有许多不满，她无法直接表达她对我生气、对咨询生气，甚至是对自己也很生气。所以，她呈现出来的是一种幽怨的无助，以及随时准备逃离的紧张。我听着她的诉说，我很明白，无论以什么样的方式来表达，她都有着难以言说的痛，并且这种痛需要空间来容纳。我回应她："是啊，感觉什么帮助都没有的时候，真的是想要离开的。"

我们谈了失望，又谈了生气。这个时候，晓文才提到，在一年多以前，她就对我挺生气的了，但那个时候她不敢说。这一次，她是鼓足勇气才说出口的。对于她来说，她是用尽全力的。这个时候，她的情绪需要被接纳。我鼓励她说出心中的感受，我相信这些挡在我们关

---

① 笔者在书中讨论的案例均已得到了来访者的同意。

系之间的“石头”被看见之后，它们会化为水，进而成为关系的助力。

她说：“我上一次也对你挺失望的，因为我做不到你说的那样，我觉得你没有理解我的无能为力。”她补充道，“嗯，我也很生气。”她说得真诚，而且勇敢。我告诉她，我“听到”了她的失望，我也明白了她为什么对我生气。她是多么想要一个人更深刻地理解她呀。

我的回应让她有了一些安慰，她看起来有些放松了，情绪也缓和了一些，仿佛阴沉的天气有了转晴的迹象。

在下一次咨询中，她跟我说，上一次咨询好像发生了一些特别的事情，咨询结束之后，她离开房间，下了楼，好像闻到了春雨的味道。那是她很久都没有感受过的味道了，那一刻，她有一点儿爱上了这座城市。

这真的是一种特别美的体验。那种感觉就像是水，当“石头”被看见时，水会将“石头”魔法般溶化，会流得更加顺畅、更加欢快。

当有人透过迷雾理解你，给你承托

再来分享一个我的同行的故事。她在找个人体验师（就是咨询师的个人治疗师）的时候，看体验师的第一眼，她就感觉很不喜欢这个人。她心里想着，反正给了钱也退不回来，那干脆就把不舒服说出来吧。神奇的事情就这样发生了。她说在说完之后觉得心情舒畅，觉得压在心底的好多愤怒都表达了出来。她的体验师的功力也不差，任你刀剑凶猛，我自岿然不动，还找机会将个人的理解反馈给了我这个同行。这种感觉就像一条小溪，让爱和希望流进了心田。

一场厮杀下来，筋疲力尽。如果有人透过迷雾理解你，承托你的感受，确实如春风化雨般美妙。

有过咨询体验的人知道，当你攻击你的咨询师时，如果你的咨询师能够接住你的攻击，还能够通过你的攻击去理解你，你们的关系其实是会变得更加亲近的。我这么说，不是鼓励你随意去攻击，而是说当你在咨询关系里感觉到不舒服时，可以尝试去表达，这样会给你们的关系一个把堵在你们中间的“石头”移开、消化掉的机会。咨询关系是一种特殊的关系，咨询师是受过专业训练的，所以很多时候可以去尝试。

当你在咨询关系里有足够多的信心的时候，你在咨询关系之外的表达也会通畅很多。

妈妈和婆婆仇人变闺密

一位网友给我留言，说她的妈妈曾经跟她的婆婆大吵了一架，还大打出手。不过神奇的是，自这次打闹之后，她们竟然成了闺密。开始是吵架，接着发现吵不过瘾，就开始打。打着打着，两个人都哭了起来。前一秒还是一对前世的冤家，下一秒眼泪和鼻涕流着流着就变成了患难与共的姐妹。就这样把“千年的委屈、怨恨”哭出来之后，彼此开始惺惺相惜，相互安慰：原来我受过的苦你也明白，原来我经过的难你也经历过。

网友看得都傻眼了，这也太戏剧化了！我看到时也觉得不可思议，但细细一想，逻辑是通的。无论是打、是吵，还是哭，都是在表达自己的强烈情绪，表达自己的攻击性。攻击性被人看见了、理解了、陪伴了，人就是会变得柔软一些，会更容易看见彼此真正的样子。

在我和孩子的关系中，常常有这样的情况发生。这次暑假，她们去了奶奶家。有一天，大女儿心情不好，冲我发脾气，跟我说只有家里小仓鼠的照片才能让她高兴，问我有没有。我感觉自己被逼到了一个角落，但是又不得不回答这个问题。我当时不在家，没有办法满足她的这个心愿。于是，我跟她说：“真的抱歉啊，明天保洁阿姨来家里工作时，会拍小仓鼠的照片给我们。我现在的确没有办法拍给你，但是我爱你。”她看到我发的信息，还是嘟囔了几句，我发给她各种拥抱的表情。过了一会儿，她说：“妈妈，我去玩了。”

孩子的情绪没有办法消化的时候，会扔到爸爸妈妈这里来，这是很正常的。有时候，我根本没有惹她，她也会把气撒到我这里来。最重要的是，作为一个妈妈撑托住她的情绪，她就会在这个过程中慢慢学会怎样转化她的情绪。

我诚恳地告诉她什么时候可以看到照片，这是希望。接下来，我说我现在真的没有办法，是告诉她我真实的处境，以及这件事我没法办到，这是事实。最后，我说我爱她，这是表示无论怎样，我们的关系都在，妈妈一直在。

外在的照顾者与内在的照顾者

当你将攻击性表达出来之后，有一个容器能够承接是很重要的。所以，首先你要去感觉，去寻找那个能够承托你的情绪、让你有一些安全感的人，然后表达你的攻击性。如果对方是一个不能够承接你情绪的人，那么你需要考虑一下要不要冒这个险。这个表达过程也考验着关系的牢固性。这是什么意思呢？有一些人担心表达攻击性会导致关系断裂，所以不敢表达。如果说出来之后，关系仍然是稳定的、安全的，攻击性就能被转化。

我把这种承托和容纳理解为妈妈的子宫的延伸，也称为“外在的照顾者”。子宫的意义是保护孩子，给孩子成长提供养分。那么同样，在离开子宫之后，爸爸妈妈的内在心智空间会成为新的“子宫”。随着我们渐渐长大，还会有各种各样的容纳客体出现，帮助我们成长。

孩子一表达攻击性，爸爸妈妈就说“我不理你了”。这种方式在孩子看来，就是一种断裂，至少有一种关系会断裂的恐惧。那么，孩子的很多情绪就没有办法经由父母的帮助容纳而重新消化了。表达了攻击性而关系不断裂，是攻击性能够转化的基本前提。

以上说的是关于外在关系中的攻击性表达呈现出来的流动之美，再来说一说“内在的流动”，即我们有一个内在的照顾者。内在照顾者是由大部分外在照顾者的不断照顾而形成的自我意象，渐渐也会发展成自我的一部分。还有一部分的情况是，虽然没有得到更多的外在照顾，但是内在仍然有一股力量是可以照顾自己的。

所谓“内在的流动”，其实也是我们内在关系的流动。比如说，当我们有一些不舒服的感受，跟这些感受在一起时，我们就启动了内在照顾者模式。内在照顾者会有一个空间，允许那些不舒服的情感流过自己的身体、自己的每一部分，中间会经历各种情绪，比如想逃开，或者恐惧得快要死掉，等等。当这些情绪慢慢地消散时，就会体验到一种快乐和平静。没有外在照顾者，只有内在照顾者也可以做到这一点。

当负面情绪存在的时候，允许它们流动起来，经历险滩、旋涡，就会体验水一般的柔美和平静。

总结

（1）攻击性的流动之美，就像水一样灵动、柔软、富有张力。

（2）攻击性流动的前提是关系不断裂。

（3）外在的照顾者起到承托和容纳的功能。

（4）内在的照顾者大部分是由外在的照顾者内化而来的。每个人的内在都有照顾自己的力量。

（5）当允许不舒服的情绪流经自己的身体时，就会体验到水一般的柔美与平静。

攻击性之活力之美：在“生能量”的驱动下，深情而炽烈地活

攻击性在表达的时候，会呈现一种张力，让你感觉随时都在被扰动，有时候可能并不是那么让人舒服，但是这种张力很迷人。

可以吵闹，可以狂欢，一种迷人的关系

我有一位朋友，他是家里的独子，他们家在当地算是富庶之家。在他毕业参加工作之后，他的父母物色了一个貌美如花、品性温良的姑娘来做他们的儿媳妇。老两口对儿媳妇甚是满意，但是他不喜欢，

只是勉强娶回了家。他说："实在是对这个女人没有兴趣，因为她什么事情都听我的，一点儿意思都没有。"

两个人艰难地离婚后，他找了个女朋友，跟前妻完全是相反的样子。从外貌上看，皮肤黑，眼睛小，身材偏瘦，看不出特别之处。我们就问他："你为什么喜欢她呢？"他说："她敢跟我吵、跟我闹啊！我跟她在一起很有意思啊。"说这话的时候，他的眼睛都是亮的。这表明，他跟这个女人在一起是真的很快乐。如今，这个女朋友早已成为他的妻子，并且生了两个孩子。一家人既吵吵闹闹，又和和美美。

很多人不能理解：一个温良恭顺的妻子不是大多数男人梦寐以求的吗？但是，他就是不喜欢。他说："我觉得跟她（前妻）在一起，整个人像是要死了一样，特别压抑。"

我们说"特别压抑"的时候，压抑的是什么呢？是攻击性。我们每个人的内在都有一个隐藏着的攻击性小精灵。从内在动力的角度来看，当事情不能如人所愿时，活力便会受阻，整个人呈现出比较凝固的状态。我的这位朋友对他前妻的态度就是这样：不满被父母安排的婚姻，不得已娶对方回家，任她貌美如花，压根儿不想理。对他来说，找到一个可以激发内心的攻击性、可以吵、可以闹的伴侣才是真正的幸事，因为这样的关系有活力。

他前妻的听话让他无从安放自己的攻击性：她那么美好，看起来没什么可以挑剔。但这样的生活，仿佛一潭死水，让他窒息。他和前妻之间没有交集，或者说他不想与她有交集，因此他们的关系没有进入亲密关系的阶段，只是表面上的婚姻维系。

但他和现在妻子的关系就明显不一样了，他们可以打闹、可以狂欢。这种有活力的感觉，实际上是一种滋养，整个关系所呈现的是一种力量的美感。

孩子的闹腾是生命力和攻击性的体现

再给大家谈一个关于孩子的故事。

我的一位朋友生了三个儿子，她给自己取了个名字，叫"儿子成灾"，听起来特别有画面感。我问她养了三个儿子是什么感觉。她说："你看我的名字，我已经死了几回了。"三个孩子经常在家里上演一场场"大片"——想想好莱坞那些经典的枪战桥段，攻击性满满。

虽然这位朋友有时候会苦恼自己的确被孩子们弄得精疲力竭，但是有一天，她很沮丧地说："这几天，孩子们生病了，一个接一个地发烧。家里安静了很多，我却希望他们快一点儿好起来，继续闹腾。"

孩子们生病了，是没有精神再闹的。这个时候，你想让他们闹，他们都不会闹。病菌攻击了孩子们的免疫系统，他们得把所有的精力都放在那件事情上，根本没有办法像平常一样活力四射。这个时候，看到他们憔悴的小脸，父母真的希望他们还是闹腾一些。

闹腾是什么？就是活力。有活力，你会感觉整个人有一种流动着的感觉，有着旺盛的生命力。情绪能量非常生动，很容易感染周围的人。

我这位朋友跟我开玩笑，说自从养了这三个娃，她发现自己都不抑郁了，因为她根本没有时间抑郁。

在孩子的幼年时期，他们不仅有活力，还会有让他们的照顾者不舒服的破坏性。活力和破坏性都是攻击性的一部分。孩子用活力来呈现攻击性，也在日常的玩耍中释放这些攻击性，并在释放这些攻击性的过程中学习怎样与自己相处、与他人相处。只是当照顾者的精力有限，没有办法满足孩子的需要的时候，照顾者会感到比较辛苦。

老人也可以活出自己的生命力

一提到老人，我们很容易联想到死亡、老态龙钟、行动迟缓、软弱无力。这的确是一个接近死亡的状态，伴随着毁灭、绝望、破坏的感觉。

很多老人喜欢跟孩子在一起，因为孩子身上的活力可以让他们感觉到希望、快乐，可以感染他们，减轻对衰老和死亡的恐惧，他们甚至能够以宠爱的眼光看待孩子身上的一切攻击性。在老人眼中，攻击性代表的是活着的感觉。

也有人在年老之后开始过想要的生活。摩西奶奶七十多岁时决定为了心中的愿望开始画画，八十岁时在纽约举办了画展。此后，她的作品成为艺术市场中的热卖品，赢得了很多奖项。在摩西奶奶一百岁时，日本有个叫渡边淳一的年轻人问她，该不该为了自己热爱的写作而辞掉外科医生的工作？她的回信是一张明信片，上面画了一座谷仓，并附有一段话："做你喜欢的事，上帝会高兴地帮你打开成功之门，哪怕你现在已经八十岁了。"

后来，渡边淳一成了名扬世界的大作家，出版了《失乐园》《光与影》等五十多部长篇小说。

摩西奶奶说："做你真正喜欢做的事情，那才是你的天赋所在。做你喜欢的事，你就会迸发出更多的活力。"摩西奶奶把自己晚年对于死亡的、绝望的攻击性转化成希望，把这种破坏性的、毁灭性的感觉融在自己的画里。她的画既有对过往经历的感伤，也有对现在生活的满足，还有对美好的祝福和期待。这样的死和生之间的转化让人赞叹。

攻击性“爆棚”的边缘来访者

在心理咨询与治疗界有一类来访者，他们拥有边缘性人格组织特征。跟这种人格特质的人在一起工作，咨询师几乎是不会打瞌睡的。因为在咨询关系里随时都有一种张力，他们会因为灯光刺眼了一些而感到很生气；会因为今天咨询师迟到了一分钟而大发雷霆；会因为咨询师说的某一句让他们感觉不适的话而立刻攻击咨询师，并说咨询师竟然如此无能，竟然不能够理解他们。

刚入门的咨询师很有可能瞬间就“倒下去了”，因为对方的火力实在太猛。但同时这样的来访者又很深情，当他们能偶然感觉到咨询师的一丝善意、一丝温情时，他们将给咨询师更多的深情。曾经有一位来访者在我们的一次会面时说，她今天路过一家店，发现里面有很多很飘逸的裙子，她想到了我喜欢穿这样的裙子。在那个时刻，被人这样想起，我很幸福。

有的来访者会说，等他搬到另一个地方了，要拍照片给我看一看他住的地方。他会让我看到他窗外的风景，会告诉我他很想念我。

他们的行为、语言通常都非常具有攻击性，而透过攻击性我看到了深情和炽热。如果进一步观察，你就会发现，他们在童年时代往往经受了很多可怕的对待。这种经历就像是一种“死能量”，紧紧地压迫着他们。同时，在他们的攻击性背后，一种叫作“生能量”的驱动力顽强而坚韧地活跃着。那些生与死的对抗是让人震撼的，也是极其悲壮的。

在咨询关系里，咨询师为此类来访者提供的是类似于妈妈子宫的包容环境。在平时的关系里，一些人非常喜欢和这一类人在一起，比如没有活力的人会非常喜欢这类人能够带来的刺激。很多和边缘人格者相处的人，都会难以忘怀他们的活力，但是建立的亲密关系大都难以长久。

总结

(1) 没有攻击性，伴侣间的关系就是一潭死水，无法让人期待。

(2) 孩子的活力是攻击性的体现。在孩子小的时候，让他们更多地表达攻击性，对于人格发展有重要的意义。

(3) 老人在迟暮之年仍然可以通过创造性方式转化攻击性，以防御对死亡的恐惧。

(4) 具有边缘人格组织特征的人，可以搅动关系，让人们着迷，但过于强烈的攻击性会破坏关系。

互动：
攻击性本身就是动力

当我向这个世界发出我的攻击性——我的愿望时，你们呼应了我。当你们决定阅读本书的时候，内心也正是有一个愿望，即想跟内心的攻击性发生连接。最重要的是，你已经在以实际行动展开生命力了。

我们说攻击性是一个人生命发展的动力，你必须主动有“我想要”这样的概念，并且愿意为之努力。当你想向这个世界表达你的意见想法、你的意志、你的感受时，你是在尝试表达内在的攻击性。从这一点上讲，攻击性无所不在。

我也不断看到大家对“攻击性”这个主题的看法，你的声音，正是内在攻击性的表达和呈现。同时，因为你的表达，我感觉到了你与我的互动，攻击性就这样流动起来了。当你愿意真实地面对自己时，无论你在表达什么，都能让人感觉到你内心的热情和期待。

我所见证的个案，给我提供了极其特别的视角，使我看到了早年养育的失误给一个生命带来的伤害与帮助。同时，我在做修复的工作，咨询工作中的理解和接纳，相当于“子宫”。在我的来访者中，有很多人的内心发展有待完善，有的人内心甚至是有缺陷的。我们并不能回到小时候重新成长，那我们只能在现有的条件下，尽可能地修复。所幸，我看到了很多攻击性被转化为创造力的真实案例，这让我非常有信心。我相信有一些人会从这里面获益，找到一些共鸣。

我有自己的考虑，我也相信，每个人在表达自己意见的时候，都是存在的，都是很珍贵的。于我而言，这些觉察和反思带给我更多的变化和成长。

每个人的期待是不同的，现实反馈过去的差别也是不同的。当这个世界正好满足了你的期待，就像是婴儿体验到的那种“我想要，你就到”的全能感被完美地实现时，你便会感觉满足、舒服。但是，当这个世界没有满足你的期待时，你便可能以其他的方式应对挫败感。

婴儿的应对方式并不成熟，他们直接进入分裂的好与坏。这两个维度，好的部分容易理解，坏的部分——没有被满足的部分，会成为一种影响整体感的威胁，婴儿会以攻击性的方式来呈现。在这种情况下，攻击性通常带有破坏性。但是，破坏性是可以被转化的，当攻击性背后的渴望被看见时，转化就会发生——破坏性会变成创造性。看见就是转化攻击性的灵丹妙药。

有一位朋友这样说："真实之美在于与真实的自己连接，真实地表达自己，从而减弱攻击性，缓解冲突，维护关系。是这样吗？而提倡攻击性，是因为有攻击性才有生命力、才有魅力？"

攻击性从来不会减弱。真实地表达自己，减弱的不是攻击性，而是攻击性行为。过分压抑自己真实的想法、情感的结果是那些东西并没有消失，反而积累了起来，就像是越吹越大的气球。而这个"气球"爆炸时的威力很有可能会伤害一段关系。

尽可能地减少这种过度压抑，攻击性才不会产生破坏力。也就是说，当你真正地关注自己的内在，照顾自己的感受和情绪时，攻击性更可能朝着创造性的方向前进。你的表达不会含有那么多敌意，甚至几乎没有敌意，而是带着深深的理解。

有的朋友会对我的表达失望。如果我"看不见"自己的感受和想法，我很有可能会认为他们在挑剔我，甚至在指责我、打压我。我最初看到这些信息的时候，心里是有一些不舒服的。毕竟人都喜欢美好的感觉，有自恋的需要。但当我跟这些感觉待在一起的时候，我能够体会到那种失望感了。我渐渐地理解了它，也接纳了我心里浮现的小小挫败感。当这些感觉慢慢流过的时候，我开始看到，这些表达带着很多诚意。而通过这些诚意，我看到了美好的愿望。

于是，我相信这些表达并不是要夺走我的意志，而是要给我反馈，使我变得更好。我也很清楚自己的状态，我并不需要去讨好任何人，我只是做自己，不断地成长。这样一来，我就没有感觉到被攻击，而是觉得他们只是在表达自己的感受和想法。

在谈到生命力的时候，攻击性本身就是一种动力。有了这种动力的推动，生命力才会呈现生机勃勃的样子。我鼓励人们表达自己的攻击性，更多的时候是鼓励被压抑的人，因为过度压抑会导致破坏。我希望更多的表达、更多的展开能够减少这种破坏性。一些攻击性特别强的人需要学习管理和控制自己的攻击性冲动和行为。

有的朋友说："我是一个攻击性比较强的人。在一段亲密关系中，如果我有情绪了，我会表达出来，不会忍气吞声，有时候激烈的言语就伤害了对方。但事后我又常能看见自己的情绪给对方带来的伤害，并且道歉，这使对方对我又爱又恨，时间长了就会影响关系。我要如何平衡攻击性呢？"

平衡是我在这本书里要传递的一个核心理念。过度压抑和过度放任攻击性都是对自己的伤害，都是对关系的破坏。

如何平衡呢？你要穿越黑暗沼泽，走向黎明，这是一条艰难的路。可以说，我们学习的每一课，我们对自己的每一次觉知、对困难的每一次面对，都是在穿越黑暗。我们会在一次又一次的现实反馈中确认自己的位置，移动自己的位置，直到慢慢找到一个合适的平衡点——没有捷径，需要勇气、智慧、时间。

路途虽远，相信一切值得，这就是生命的意义。让我们一起前行。

PART 2

攻击性：神仙篇

神仙自恋与现实挫败：婴儿式大人的行事方式会受到现实的反击

在武侠小说里，江湖老大的共同特点是武功盖世、品行过人。在传说中的仙界也有一个最厉害的神，他无所不能、统管众生。在现实生活中，也有一些人拥有此类幻想，并且凭借这种幻想生活，幻想成为世界的王。

了解在网络上广为流传的高铁霸座事件的人，基本上都挺生气的，很多人有想暴打那个人一顿的感觉。为什么呢？因为这个不肯让座位还理直气壮的人，用他的“神仙自恋”深深地挫伤了大众的“基本自恋”。这两种自恋的对撞，引发了一场轰轰烈烈的舆论大战。

当神仙自恋遭遇现实边界

著名的自体心理学家科胡特说："自恋是一种借胜任的经验而产生的真正的自我价值感，是一种认为自己值得被珍惜、保护的真实感觉。"胜任的经验从哪里来？从外在的反馈而来。

婴儿最初是与这个世界混合在一起的，在他的感受里，他就是这个世界，这个世界就是他：我想要什么就会有什么，我想要吃的，我哭了，就会有人送到嘴边；我冷了，一哭，就会有人关注到我，给我温暖的照顾。外在给予的回应，是对婴儿内在需求的一种反馈。这种"我想要有什么，立即就会得到什么"的感觉，使婴儿有了"我能"的感觉。这是一种全能的感觉、神仙一样的感觉，它会衍生出价值感，即"我是珍贵的、值得的"。这对于婴儿最初内在心智的发展相当重要：只有感受到"我能"，才能感觉到安全，才愿意更多地向世界伸展生命力、渴望以及热情。

说到这里，你们也许就明白了：我们每个人本质上都是自恋的，我们也需要自恋。但全能自恋只有在婴儿阶段才能被随意使用，我们每个人都有过那个阶段：你们都为我服务，我理直气壮、当之无愧。在和照顾者（大部分的照顾者都是妈妈，我们暂且统称为妈妈）的关系里，婴儿才可以这样肆意妄为，却不用担心后果。妈妈作为最慷慨的容器，容纳着婴儿的一切需要。

婴儿对妈妈的需求，是带着强烈渴望和攻击性的。这意味着妈妈需要为她的婴儿而存在，以此呼应婴儿的一切需求。如果一个成人一直沉浸于婴儿式的全能幻想中，那么他就是把社会和他人当作了妈妈，这显然是界限的混淆。这种成年婴儿仍然活在“我一动念头，一发出信号，你就要满足我”的幻想里，这种想法超越了基本的人与人的界限，是对他人的权利和自尊的碾轧、抢夺。这是对他人的一种攻击。

那么，他人就会不舒服：你既不是老人，也不是小孩子；不是残疾人，也不是身体不舒服；我不是你的妈妈，你也不是我的宝贝，那么我为什么要把本属于我的位置让给你呢？我当然不想让。霸座的人却说，列车员竟然偏向请他让座的乘客，这让他很不舒服。这个“神逻辑”就是：你们本来应该偏向我啊！我才是王，我有需要，你们就要满足。此言一出，网络上的反应就更强烈了。

本来是一件简单的事情，最后却越吵越严重。如果坐错了座位，换回去就可以了，但是霸座的人偏不，他觉得他想坐哪儿就坐哪儿，整个世界在他的幻想中变成了他的王国。但是，社会因为规则而有秩序。霸座者打破了基本的规则和底线，把人民大众当作“妈妈”，理直气壮地耍了赖。这狠狠伤害了大家的心，而人们受到了攻击，需要自保，于是对霸座者进行各种反击。霸座者搬起石头砸了自己的脚。这一场帝王般的全能幻想，在现实的边界面前成了一地鸡毛。

边界就是我们每个人都有自己的小王国，我们之间需要相互尊重。如果你来践踏我，那就变成了入侵。

以婴儿方式行事的成年人

我们常常会在生活中碰到有着婴儿行事方式的成年人。我的一位女性来访者跟我讲了她的故事，她的丈夫像君主一样发号施令，一进门就要她拿好拖鞋、倒好水，饭菜要摆上桌。这位来访者并不是全职太太，也要上班。她除了照顾孩子，还要照顾丈夫。这就像是多了个祖宗一样，得一天到晚供着，时不时各种要求就来了。她实在受不了，就拒绝服从。她的丈夫开始各种骂，她便跟他对骂。两个人就这样对抗了一段时间之后，她的丈夫感受到了她的气势，不敢那么嚣张了。

以前，她的丈夫还拆她的包裹，被她严词抗争了之后，他不敢了。双方的关系稍微缓和了一点儿，她的丈夫又开始拆她的包裹。于是她再次申明界限，表达抗议，他就再不敢拆了。

这位来访者在和她丈夫的关系里已经基本上认识到这一点：改变他，让他成为一个彬彬有礼的君子是不可能的，只有在现实层面坚决地维护自己的界限，不纵容他的婴儿式行为，才是最有力的方式。这反倒让丈夫学会了尊重，知道她的包裹未经本人允许和授权，不能乱拆，知道自己的妻子也是有情绪的人，也会生气。

我还记得一个例子。在一个综艺活动的海选现场，一个十七岁的女孩唱了一首歌之后，评委以及现场的观众都觉得这个女孩的才艺还有进一步提升的空间，建议她多多学习，下次再来。这个信号已经很清楚了，但是女孩子站在台上不肯下来。她撒娇又带点儿耍赖式地说："不，我就不下来，我就要在这儿。"现场的气氛突然陷入尴尬。主持人劝说她先下来平静一下，但她还是继续站在台上。又过了一会儿，台下的观众大喊："下来，下来！"她才哭着走下来。

我想台上发生的事情让这个女孩很痛苦，她经历的挫败甚至羞耻感是很强烈的。这是现实给予她的反馈。她的婴儿式需求没有被满足，她也用婴儿的方式耍赖。可以看出，她之所以在台上有这样的反应，大概是因为她的家人没有帮助她从全能幻想的状态中分化出来。她仍然在婴儿的世界里，认为可以用自己的方式获取满足。在成人的世界里，用婴儿的方式更会让自己失望，更不容易获得自己想要的东西。

这样的例子会让父母痛心。当你看到你心爱的宝贝被这样轰下台时，你的痛苦程度不会比她低。你可能会反思：到底是哪里出现了问题，会出现这样的状况？如果父母的反应是：都是你们评委不好，观众不好，所以我的孩子才被你们这样对待。那么，孩子以后遇到这样的事情，可能还是会遭遇现实的打击。看见现实的边界，才会真正地帮到孩子。

世界是面多棱镜，可以照出每个人不同的样子。世界的反馈对于全能幻想的婴儿来说，是个体发展的重要部分。在婴儿阶段，反馈一般由主要的照顾者来完成，是为了让孩子有对自己全能感的把控感，是为了让孩子能喜欢自己，喜欢照顾者，喜欢这个世界。孩子是要发展的，他不会一直保持全能自恋，他需要一些挫折来让自己变得更加强壮，这是为了将来适应社会。当然，挫折从来都不需要刻意制造，因为发展的路上挫折从来都不会少。这些挫折也就是现实的边界存在之处。

总结

（1）全能自恋是把自己当作全能的神，认为可以满足自己的所有愿望。这是每个人的个体发展都会经历的重要阶段，也是只有在婴儿时期才有的特权。

（2）现实中用婴儿式方式来行事、处理关系，是对别人的一种攻击，会受到现实的反击。

（3）现实给予的边界会给婴儿式大人带来挫败感，但也能教会他成长，学会尊重别人。

神仙自恋与绝对依赖：外部环境影响着婴儿处理攻击性的方式

我想要的，你就得给我

成年人拥有婴儿般的神仙自恋往往会把自己的生活边界变得模糊和混乱。在婴儿的神仙自恋时期，的确没有什么边界可言。正因为如此，那种“只要我想要的，你就得给我”才会显得那么理直气壮。如果婴儿能得到自己想要的，自然会获得那种“我是全能的，我很厉害”的神之自恋，因为世界在他的掌控之内，他成了这世间的统治者。对于婴儿来说，这更是一种幻想层面的全能感。

如果婴儿没有得到自己想要的，就会产生挫败感，而挫败感带来的那种强烈体验，会使婴儿瞬间产生巨大的愤怒。自体心理学称之为“自恋暴怒”。“暴怒”的词意在说明愤怒时的级别很高。自恋暴怒这种体验几乎带着毁灭般的敌意。

一般人遇到挫败都知道这很正常：人就是会有各种犯蠢的时刻。但是，神仙是不能有挫败的，神仙不能又蠢又笨，神仙只能要风得风、要雨得雨。从本质上来讲，婴儿之所以会在出生之后的半年内都处在神仙自恋的幻觉中，是因为在子宫里他就是这样被对待的，一切都是自动化的供给过程。婴儿出生后，身体上与母体分离了，精神上还需要半年左右的时间来过渡。这半年就需要妈妈的内在心智提供给婴儿一个类似于身体子宫一样的精神子宫，帮助孩子适应未来。

人类的婴儿可以说是这个世界上最脆弱的新生儿了。很多动物的孩子出生之后就能自己找奶、站立行走，但是人类的不可以。从这个角度来看，人类的婴儿从母体脱离，来到世间，经历了一个大考验。婴儿从温暖的子宫经历一个黑暗隧道——阴道，受到挤压，才能抵达人间。

这个过程是必经的，也是不舒服的。可以说婴儿在这个过程中第一次经历了真正意义上的失控，也可以理解为，他经受了磨难、挣扎，产道的环境、外界的环境对他来说也是一种攻击，这种攻击可能是致命的。每一个胎儿都要经历产道的挤压，如果胎儿过大，妈妈产力又太弱，胎儿出不来，卡在那里，那就是生死时刻。有一些婴儿就是因为难产导致缺血缺氧性脑病、窒息，还有很多婴儿因为难产而死亡。

婴儿的彻底无助与绝对依赖

婴儿出生之后应对的不仅仅是这些，他还需要自己呼吸。他饿的时候，也无法再用以前的系统直接满足自己，这个过程显然是会遭遇挫败的。虽然身体的发育已经提供了基本条件，他可以吮吸、吞咽、排泄，但是他得启动这一切。

有时候，婴儿很努力，可能还是喝不到一口奶，因为妈妈的初乳要在生产后的一两天才慢慢产生。他需要饮水，可能在等待妈妈有奶的过程中，要试着喝一点儿配方奶，还要多次吸吮妈妈的乳头，不管妈妈有没有奶。

不管怎么样，对于婴儿来说，这些情况可能会让他陷入一种彻底无助的状态，因为他不会说话。渴了、饿了、尿了、拉了，让他的照顾者（一般是妈妈）明白他的意思都得有个过程。这是一个不容易的过程。现在回想起来，我的孩子刚出生的时候，我花了好长一段时间才搞懂一些基本的信号。当时，我产后的状态并不好。我的妈妈一直在帮助我，她根据她的经验给了我一些指导，才让我稍微明白得快一些。我想很多新手妈妈在这样的时候会很有压力，她们如此希望照顾好自己的小婴儿，但这并不是很快就能够做到的。

虽然有这么多的问题要应对，但是小婴儿生命力是非常强的，没有大的问题，一般都能够存活下来。也就是说，不管有多艰难，他们都闯过了死亡的关卡。

因为婴儿彻底无助，他们势必与照顾者产生绝对依赖。事实上，没有了大人的照顾，婴儿的确会死去。生命早期的环境对于婴儿来说是关乎生死的，这样就能够理解为什么婴儿会有如此强烈的自恋需要：内心的绝对无助需要神仙般的全能自恋来解除。全能自恋提供了强大的“生能量”，而一旦没有了全能自恋，死亡般的毁灭感便会扑向婴儿，仿佛要将他吞噬。

自恋暴怒的背后是生死攸关的恐惧与挣扎

对婴儿来说，简单的小事变成了一件件生死攸关的大事，暴怒的反应也就理所应当。婴儿通常的暴怒原因有：我尿了，不舒服了，你却认为我渴了，给我喝水，但我并不想喝水；我想要睡觉了，但我很烦躁，你不能让我的烦躁消失，这让我难受。

婴儿的自恋暴怒所携带的毁灭能量表现为婴儿对外在世界（更多是对妈妈）的攻击。很多妈妈反馈：我不知道该怎么做才能让他安静下来，不管我怎么抱、怎么哄，他都不能停止哭泣，他会一直哭，哭到累得睡着。有位妈妈很崩溃，她说，她甚至想把孩子从窗户扔出去，然后自己也跳下去。

这其实就是婴儿强烈的无助感被妈妈感觉到后唤起了妈妈内心的无助感。这种无助感仿佛无法被解决，就像神仙遭遇了挫败一样。同时，妈妈也体会到了“死亡威胁”，甚至想跟孩子一起死掉。有这样感觉的妈妈其实是非常精准地理解了她的孩子。孩子的内心正如她体验到的那样无助、挫败，其程度强烈到了会死去，所以孩子才爆发出那么绝望的哭号。

妈妈的内心可能也有一个全能神的愿望，就是孩子一哭，自己就知道该怎么办。当搞不定孩子的时候，妈妈也开始自恋暴怒，痛苦得想要死掉。

有很多人不能明白这样的妈妈的痛苦，觉得她们很做作。我做了很多年咨询，深刻地体会到了这些妈妈的内心在那一刻有多么绝望。如果有一天，大家能够明白那些痛是直指生死的，也许会对这些妈妈多一些理解。

所有和生死有关的情感，势必带着一种杀戮的敌意在其中。就像你有一座城池，若有外军入侵，那么不是你死就是我活。因为，如果不消灭你，我就活不下去了。

生死相争还能没有敌意的情况也有。就像电影《泰坦尼克号》中，Jack 和 Rose 两个人只有一块木板，Jack 选择让 Rose 活下来。有很多父母也会为孩子这样做。比如，有人得了尿毒症，妈妈捐出一个肾，还有地震、车祸、火灾中父母托起孩子，等等。这些是大爱，人们在那个时候基本上是带着“你是我的希望”这样的想法，选择让孩子活下来的。

满足婴儿的全能自恋，是婴儿自信和创造力的基础。温尼科特说，外部环境影响着婴儿处理其先天攻击性的方式。尽管婴儿有着这样深的幻想、恐惧和敌意，终究还是受制于他小小的身体，他能亲自做的事情是非常有限的。正因为如此，满足一个小婴儿其实也是简单的，因为他最初的需求就是那么多。

如果妈妈们能够有半年的时间全情投入，在婴儿的全能自恋阶段给予充分的满足，让他享受神一般的感觉，他就会把“我能”的感觉种植在心里，成为日后自信的心理基础。并且，因为被全能地满足，他更容易体会到热情、有创造力，他的攻击性会转化为创造力。而如果父母的照顾比较糟糕、经常打击孩子的自恋需求，婴儿的攻击性就会转化为破坏性的，甚至是暴力的。

武志红老师曾经提到一位女士的案例：她奶奶觉得幼儿园不好，在自己家里盖了个幼儿园。这就是一种全然被看见和满足的感觉。如果有这样的奶奶，我会超级幸福，觉得世界都变美了。类似的还有一位爸爸的事例：他觉得孩子下楼时喜欢握着玩的扶梯扶手不干净，但是孩子很喜欢，还玩出了各种花样，于是他每天把扶手清洁两遍。我不是说大家一定要这么去做，毕竟每个人的标准不同。不过，如果心里有孩子，是可以做更多能够满足孩子愿望的事情的。

随着孩子的成长，愿望是在不断升级的。孩子年纪越小，对大人的挑战越低；年纪越大，对大人的挑战越高。小时候的吃、喝、拉、撒、睡和玩耍需求被充分满足了的话，孩子跟父母建立的是很通畅、很融洽的亲子关系。孩子长大后不会总要买这个或买那个，也不会总要闹着要你陪。但是，如果小时候父母陪伴孩子不够，可能孩子长大后要买的东西就不是一本书那么简单了，说不定就算父母给他买一栋房子，亲子关系也不会改善多少。

这种感觉挺残酷的。我深深知道父母的不容易，也知道很多父母都非常努力，比如看书学着了解自己。这就是孩子的希望，也是父母的希望。

总结

(1) 婴儿的自恋暴怒，是因为内在的绝对无助，他需要神仙般的自恋满足来应对绝对无助。

（2）自恋暴怒的背后是恐惧与挣扎。

（3）后天的环境将影响婴儿对先天性攻击性的处理方式。

（4）满足婴儿的全能自恋，是婴儿自信和创造力的基础。

（5）孩子越小越容易获得满足。

月光宝盒与扭转乾坤：
长期的内疚和自责是对自己的攻击

我们想回到过去吗？

自恋暴怒的潜台词是：你为什么不是我想要的那个样子？我期待你像我想象的那样给我反应，但是你没有，所以我很生气。自恋暴怒中的人会产生巨大的失落感。这是一种从想象到现实的跌落，自恋受损的时候，是难以接受现实落差的。

这里就要提到这一小节的内容：月光宝盒与扭转乾坤。

月光宝盒是什么？看过《大话西游》的朋友一定对它不陌生。在电影里，至尊宝看到心爱的女人死去后，用月光宝盒的法力一次次回到过去，想要救她。人们对于不希望看到的结果，接受起来是很抗拒的。看这部影片的时候，我大概才十几岁，到现在都还记得当时的想法：这个月光宝盒真厉害，人都死了，还能让时光逆转，改变已经发生了的事情，要是我也能有个月光宝盒就好了。

一闪而过的念头让我的印象如此深刻，大概是源于这件宝物的非凡能力。电影中直白的呈现力，反而让我们清清楚楚地认识到：这怎么可能呢？世界上哪有这样的事情？回到过去？如果我说，在我们的生活中，这种穿越时时刻刻都在发生，可能你们很难相信。

有一位网友给我留言，说她曾经的一个决定伤害了自己的孩子。如果不是因为她，孩子应该比现在快乐、积极。这位女士非常内疚、自责，后悔自己当初的决定。那种感觉就像是恨不得回到过去的那个时候，重新做决定。

还有孩子在泳池溺亡这一类事故中的妈妈们，她们无一例外地表现出深切的懊悔、自责：要是能够回到十分钟前就好了，这样我们就可以避过这件事情，意外就不会发生了。

我们平常也是如此。前一阵子，我的翡翠耳环丢了。开始那几天，我总是在想，如果放进包里时细心一点儿，晚上回家就马上放回首饰盒，这样耳环也许就不会遗失了。

这种本来可以怎样，结果又没有的感觉，真是很难忍受。这种感觉让人觉得内心仿佛有股力量要炸开了一样。就像是我和你从一条路的两端走过来，本来是要相遇的，结果走着走着，没有遇到你，遇到了其他人。我跟想要见的人没有连接上，就会对遇上的这个人超级不爽："怎么是你啊？"

这几个例子都在说明一个问题：人们对于不希望看到的结果，接受起来是很抗拒的。因为那种期待后的失落让人很难受。个体都有趋利避害的本能，为了让自己舒服一点儿，否认就成了一种最简单、直接、有效的方式。否认事情已经发生，比如，刚才原本可以不看手机或是把耳环放得更好一些，暗含了一个逻辑：如果我不接受这件事情的发生，就代表事情没有发生。这就是一个"神仙逻辑"：神仙一般都会认为自己想要看到什么，事实就是什么。

在发生一件难以接受的事情的最初，否认是正常的。在创伤后应激障碍的临床研究中，发现一般人三个月后能接受现实，接受事情已经发生了，并且慢慢完成对事实的哀悼。想回到过去，是想改变已经发生的事情，以应对内心的丧失感和失控感。有很多人会一直停留在否认的阶段，因为面对现实过于痛苦。

至尊宝不能接受心爱的人离开，是因为空虚的丧失感就像一阵狂风席卷了他，他不顾一切地想要稳住自己。怎么稳住自己呢？如果有"我能"的感觉，稳住自己就不是问题了。失控带来的体验促使人们不断地回到过去。至尊宝使用了月光宝盒，我们每个人也有一个月光宝盒——我们不断地从现在回到过去。

偏执性地回到过去是一种攻击

回到过去不仅是为了缓解痛苦，还是为了改变过去的人和过去的事。这是用神仙的期待来要求自己，其内在的无意识的幻想是：我能搞定这一切，我能拯救这一切，我能扭转乾坤。不断地穿越，不断地拒绝事实，不断地累积希望，又不断地失望。事情没有变成自己想要的样子，就不放弃，这样就成了一种偏执。

令人悲伤的事实是：你用月光宝盒回到了过去，但是没能成功地改变过去的人和过去的事。

偏执性地回到过去，是对自己的攻击，也影响自己和周围人的关系。不断回到过去的人不仅自己痛苦，身边的人也会非常难受。因为在不能够承受自己内疚的时候，这种情感会被转移给身边的人，可能是以愤怒来呈现，也可能是以冷漠和疏离来呈现。这便形成了对周围人的攻击。当然，如果能消化自己的内疚，便对周围人的影响不大。

对于不断回到过去的人来说，长期的内疚和自责是对自己的责罚，更是对自己的攻击。人必定有疏忽，有各种毛病，过度的自责是拿神仙的标准来要求自己。在反复回到过去的过程中，这个人就荒废了很多时间，错过了很多机会。

我们永远不能够改变已经发生的事情，但是我们可以根据结果重新选择，事情可能会发生新的转化。《圣经》中说：“请给我智慧，让我分辨可改变之事。请给我力量，让我改变可改变之事。”

如何扭转乾坤？

我有一位朋友，她的孩子被人骗了几千元钱。她为此自责了数月，直到她的一位老师跟她说，那就是个意外。她觉得这句话解放了她——“只是一个意外，每个人都有可能遇到。”这个想法让她不再内疚，面对几千元钱的事情变得容易多了。我们可以说，我的这位朋友“扭转了乾坤”。

所谓“扭转乾坤”，就是尽力把损失降到最低，然后投入精力应对、重新创造。很多人不能够扭转乾坤，原因是他们没有真正地完成哀悼，而是纠缠在情感的牢笼里，耗费了大量精力和时间。看清现实，真正地面对现实，才是对自己最有利的方式。

当然，这是很不容易的，因为哀悼意味着你得面对内心的那部分空虚。

最初的空虚是妈妈不在，每一个儿童都会经历这样的丧失，因为妈妈是不可能永远在身边的。这是一个必然经历的发展阶段。如果孩子能够在大人的帮助下度过这个艰难时刻，他的内心就会存入一点儿面对空虚的力量。当这样的时刻越来越多时，他面对空虚感的能力也会越来越强；他渐渐长大，就有了来源于内心的应对空虚的能力。

在《情感依附》这本书中，作者举了一个自己的例子。他的孩子在很小的时候半夜醒来，闹着要妈妈。他跑过去之后，孩子拳打脚踢，情绪爆发："我要妈妈！"这个作者是个心理专家，但在那一瞬间，他也感到束手无策。就这样僵持了一小会儿，他反应过来，孩子希望妈妈立刻出现，但是妈妈不能马上出现。于是，他安慰孩子："哦，爸爸知道了，你很想你妈妈过来，但是她没过来，所以你很难过。那爸爸陪你一起难过吧。"在那一瞬间，孩子虽然连接不上妈妈，但是爸爸的在场确认了自己的感觉，并且爸爸的陪伴使妈妈不在的空虚感得以缓解。于是，孩子没有继续感到丧失，爸爸的存在给了他一种承托。

哀悼内心的丧失，需要有质量的关系来承托。这是哀悼的一个基本条件，即有人能够托起你，能够陪你一起面对丧失，能够明白你的难、你的痛。所有能够陪伴你的人，都或多或少地能够帮助你应对这种丧失。当然了，有很多时候，父母不一定能够帮助孩子度过哀悼的阶段。

比较大的丧失需要更久的时间和专业人士的陪伴才能够慢慢完成哀悼。我的一位来访者用了四年的时间来哀悼她丧失的生命中一个重要的亲人。在这个过程中，她甚至屡屡想自杀，想毁坏一切东西。但是，她走过来了，最后投入了新的生活，看到了新的希望。

哀悼是我们重要的人生功课之一，因为我们一直在不断地失去、不断地创造、不断地获得。祝愿你的人生，常有人相伴。

总结

（1）想回到过去，是想改变已经发生的事情，以应对内心的丧失感和失控感。

（2）人不是神，无法改变已经发生的事情。偏执性地回到过去，是对自己的攻击，也影响自己和周围人的关系。

（3）所谓“扭转乾坤”，就是尽力把损失降到最低，然后投入精力应对、重新创造。

（4）不能扭转乾坤，是因为没有完成哀悼。

（5）哀悼内心的丧失，需要有质量的关系来承托。在有人陪伴的情况下，哀悼的进程会加快。

互动：如何做个不好惹的人

> 有位朋友给我留言："我只想知道如何在现实生活中做个又得体又活得舒服的人，既然说'不好惹的人生活得更舒服'，我们如何做个不好惹的人呢？"

这条留言相信每个人读起来都会很有感觉，这个感觉太常见了：我感觉到了这位朋友射出来的嗖嗖冷箭，一副咄咄逼人的样子已经呈现在我面前。而我感觉到了某种恐惧，我想面对这种恐惧。

我想问一问这位朋友，以及其他有类似反应的朋友：你是不是很恐惧？当外界没有按照你的愿望给你想要的东西时，你会觉得那些人很烦、很啰唆、很不可思议，对吗？总之，他们就是没有呈现出你想要的样子。此刻，花一点儿时间感受一下你的内心。也许你开始流眼泪，也许你还是没有什么感觉。我只是建议你花一点儿时间跟自己连接，跟自己在一起，允许你的情感流动。

你愤怒是因为世界不在你的掌控之中，这可能是由于全能自恋受挫。你向这个世界“伸展”了你的愿望，它却给了你不想要的。我和你谈安全感、全能自恋、流动，你可能会想：这都是什么呀？这不是我想要的，我很生气。现实边界是我表达的内容就是这样的，跟你想要的有差别。现实边界还是你在生气。如果我不允许你生气，那就是我的现实边界有问题，是我陷入了全能自恋的幻想中。所以，我接受你生气。

没有经过内在处理的攻击性会转化成恨，带有强大的杀伤力。这个内心过程解释一下就是：事情不如我所愿，我就指责你没有负责，你在我心里变成了不好的。我没有得到我想要的，我很失控、很害怕。害怕怎么办？蜷缩或者出击。这个时候的出击，是一种保护自己的行为，但因为这个出击没有经过处理和消化，释放的是非常原始的信息。这个原始的信息就是“恨”，并且携带着“敌意”。这样一来，杀伤力就强了。

当把这种模式应用在生活中的时候，你的确能够得到一些东西，但是你在你的关系里可能是孤独的，因为别人不敢靠近你，你散发的信息是：一旦你不如我所愿，我就恨你，而且，你要加倍补偿我。试想一下，谁在这样的人身边会舒服呢？所以，没有经过处理的原始攻击性释放出去之后会破坏人际关系。

那么，怎么加工原始攻击性呢？就是要不断地被理解，在关系里被看见，也尝试在关系里看见别人。比如，我认为留言的朋友攻击我，是因为他内心有一个没有被满足的委屈的小孩子正在饥饿地等待着。他没有得到期待的东西，因此很生气，也很害怕。这样一来，我对这位朋友的攻击就不会感到不舒服了。

有人希望通过学习了解为什么自己老是攻击别人、关系为什么老出问题，以及怎么控制自己的攻击性。可是，如果对自己的行为没有觉察，他的目的是很难达到的。保持对自己的觉察是很重要的。觉察的方法很简单，就是保持觉知，勤反思。最常见的是问自己：为什么我要这样做？发生了什么？需要注意的是，只凭觉察，情绪容易被堵住，也就容易陷入偏执。但是，尽力做能做的就可以了。

当孩子对我们大吼大叫时，如果我们只觉得他很烦、很讨厌、很不遵守规则，就是在拿评判的眼光看待他的行为，我们可能会打压他，让他闭嘴。但是，如果我们深入感受孩子的情绪，对孩子的理解就可能不同。我们可能会更耐心，允许他发泄这股能量，让他感觉到被爱。这会化解孩子心中的愤怒和恨，他会在以后的生活里逐渐降低大吼大叫的频率以及缩短大吼大叫持续的时间。

PART 3

攻击性：江湖篇

攻击性之碧血丹心

《射雕英雄传》里的郭靖是一个碧血丹心的人，他对朋友也愿意付出，甚至过度拯救。在他与黄蓉第一次见面的时候，他见她可怜，便把自己的银两和马匹都送给了她。

郭靖喜欢黄蓉，他为什么喜欢黄蓉？因为黄蓉是他想成为的另一个自己。黄蓉是一个攻击性特别强的人，一般人不敢惹她，原因除了她爹厉害外，她自己也非常厉害。她的武艺虽然不高，但智商和情商极高。她活得真实、活得自在，从不过度拯救。郭靖觉得她身上有很多自己没有的活力。

郭靖与黄蓉的组合，就是我们现实层面的自己和潜意识的完美组合。也可以这么理解：黄蓉就是郭靖的内在无意识，黄蓉的攻击性是郭靖想要却展现不了的。

攻击性与抑郁：
要求完美，是对自己的攻击

攻击性与过度拯救

什么是过度拯救？就是你对一个人、一件事，做了你该做的、能做的一切后，你还觉得做得不够。你不会放过自己、不会原谅自己，甚至不惜伤害自己。为什么呢？因为，如果你没有拯救成功，你会很内疚。过度内疚，是对自己的攻击。拯救失败后指责自己，其实是因为有很多愤怒和攻击性表达不出来。于是，你就在心里兜兜转转地折磨自己，并憎恨自己的无能。

很多抑郁的人都有这种过度内疚的倾向。现在的心理成因研究表明：向内攻击的方式极易导致抑郁。这种认为自己导致了别人的不幸，甚至要为别人的快乐、幸福负责任的想法，会常年占据抑郁者的内心。

过度拯救的背后是深深的死亡恐惧：如果我不拯救你，你就会死；你死了，我就死了。这种无意识幻想呈现了一个强烈的共生愿望，即我和你的生命是纠缠在一起的，你的痛苦就是我的痛苦。从这个意义上讲，拯救别人即拯救自己。

拯救者通过付出来表达无助感，目的是缓解内疚。内疚缓解了，怨恨却没有缓解。

在你的身边有没有这样的人？他在你痛苦、脆弱的时候，对你非常好，把你邀请到家里，耐心地陪伴、安抚，让你体会到妈妈对婴儿般的悉心照料。但是，一旦你的痛苦减轻了，他们会像变了一个人一样冷落你。

这是因为拯救者只是对受苦的感觉非常敏感。只要有人受苦，痛苦就不再是他自己的了，而是变成拯救者的了。所以，拯救者会不顾一切地扑过去——要扑灭的这团火，不是别人的，是他自己的。

痛苦就像一个怪兽，时刻吞噬着拯救者的心灵。一位网友说："我看到那种家庭悲惨、看着苦兮兮、情感发挥不出来的男性就想拯救他，就想对他好，想倾听、帮助他，还特别想跟他谈恋爱。感觉有一种巨大的魔力推着自己，停都停不住。"

反之，当痛苦消失时，拯救者对被拯救者的敏感性也就降低了，从而变得冷淡。这其实是一个边界回归和逃离的状态，也是人格的另一种状态。被拯救者在之前浓烈的情感包围之下，俨然已经是共生状态了，冷淡带来的分离感会让他感到不适应。此时，被拯救者会很容易怨恨拯救者，并且感到委屈、愤怒。而且，因为拯救者以救世主的姿态介入关系，在某种程度上，拯救者剥夺了被拯救者自己成长的过程，没有尊重被拯救者的内在自发性。这可能会使被拯救者回过头来攻击拯救者。我们常说："斗米养恩，担米养仇。"说的就是这个道理。在一个人遇到大的困难时，适当的帮助是必要的。但一见到别人有困难就扑上去帮忙解决，拯救者与对方的关系很快就会陷入一团乱麻的状态。

过度拯救者对自己的期待也绝对高过常人。他们对自己有各种限制和苛责，所以也有很多消耗。过度拯救者就像一辆开足马力的车，兴奋地奔跑，呈现出一种躁狂的状态。如果能够拯救成功，拯救者的无助就被缓解和掩盖，他会迫不及待地逃离；如果拯救失败，拯救者则会攻击自己，进入抑郁状态。加上被拯救者的怨恨，这些加重了拯救者的挫败感。

也可以理解为：过度拯救带来过度纠缠，过度纠缠带来怨恨。纠缠是指拯救者想离开却离不开。最典型的例子就是，孩子很小的时候，生存依赖于父母。如果孩子不听父母的，父母就会停止养育孩子，这对孩子来说很可怕。于是，孩子以内在的自由交换父母的养育，把自己当成一个拯救者来安抚父母。孩子离开了自己的位置，到了父母的父母这个位置，孩子想离开父母的父母这个位置却不敢，因为离开就意味着在羽翼尚未丰满之时死掉。

想离开，却不能离开，会发生什么？你会感觉到很无助，会对拽住你、让你不能动弹的那个人愤怒，也可能怨恨。一个人如果彻底失去了自由意志，完全被另一个人控制，就成了一个绝对的顺从者——几乎没有情感，就像机器一样。我们大部分人既没有足够的个体自由，也没有绝对顺从，因此会有冲突发生。

在幼年时期，孩子对父母的怨恨、愤怒，很多是不敢说的，因为孩子依赖父母而活。这些情绪随着年龄的增长，有一些被消化了，还有一些没有消化的就沉积下来。但是，这些情绪并不是都会明显地指向父母。

很多成年的过度拯救者几乎感觉不到他们对父母的怨恨，反而会对父母非常好，怨恨的部分便转移到了其他人身上。过度拯救者通过过度拯救别人完成与父母的连接，表达对父母的怨恨。怨恨是对关系的攻击，也是对自己的攻击。

怨恨者常见的内在声音是：你为什么那么对待我？他们很希望等到一个道歉，但往往以失望而告终。很多父母不会跟自己的孩子道歉，孩子却一直想要一个道歉。所以，即便孩子成年了，情绪也堵在那里。

有一位网友分享自己的经历："我一见到扮演受害者的人，尤其是女性，就立刻想提供帮助。那一刻，我完全没有自己，一头扎进那个坑里。回头看，我的妈妈就是一个受害角色成瘾者。以前因为边界模糊，我每次与妈妈通话，都觉得胸口堵。挂线后，感觉心被掏空了，还有深深的绝望。我总想起一句话：'你永远无法看见我，你只想让我看见你。’”

孩子作为家庭系统里的一部分，在心理发展过程中，会本能地唤起自恋超能，试图拯救家庭于水火。一个父母关系不和谐的家庭，孩子会通过各种方式让家庭归于平静。我曾经有一位来访者，他的夫妻关系、他们跟父母的关系都比较紧张，他的孩子就用生病的方式来拯救这个家庭。孩子一生病，家庭矛盾的焦点就集中在孩子那里，顾不上其他的了。他们家庭关系的和解就是在孩子病危的病房里。家属被通知来见最后一面，所有人都来了，大家都很伤心。生死面前，大家都退让了，关系有了新的可能。好在这位来访者的孩子痊愈了。

这个案例让我心疼，也让我感到沉重和悲伤。父母的确经历了很多苦难，孩子又本能地承担，关系纠缠而痛苦。怎么办呢？有界限的父母可以“解放”孩子的内疚，让孩子轻松自在地发展自己。

分享小锦囊

锦囊一：分清界限。如果父母明白，这是他们的苦难，不能强迫孩子来承担，孩子会轻松很多。内疚产生于“我不做这件事，就伤害了你”这种想法，所以父母有界限的时候，孩子的内疚会减轻。这对孩子的心智健康发展非常重要。

锦囊二：消除恐惧。如果孩子主动承担，父母需要告诉他：“你不需要承担这一切。我们依然爱你，因为你是我们的孩子。”孩子的主动承担源于失去父母及父母的爱的恐惧。当恐惧被消除时，他就会专心发展自己，不会一直纠缠于这部分关系。

锦囊三：面对自己。如果你的父母已经衰老，你也已经知道没有改变的可能了，那么你拯救自己的最佳办法是：勇敢面对自己的内疚，不逼迫自己拯救他人。同时，将对父母的期待“回归”自身，好好地宠爱自己。你最需要拯救的人是你自己，而你走错了方向。

总结

(1) 过度拯救呈现了一个明显的共生愿望，即我和你的生命是纠缠在一起的，你的痛苦就是我的痛苦。从这个意义上讲，拯救别人即拯救自己。

(2) 拯救者通过付出来表达无助感，目的是缓解内疚。内疚缓解了，怨恨却没有缓解。

(3) 怨恨者常见的内在声音是：你为什么那么对待我？他们很希望等到一个道歉，但往往以失望而告终。

(4) 孩子作为家庭系统里的一部分，在心理发展过程中，会本能地唤起自恋超能，试图拯救家庭于水火。一个父母关系不和谐的家庭，孩子会通过各种方式让家庭归于平静。

(5) 有界限的父母可以“解放”孩子的内疚，让孩子轻松自在地发展自己。

(6) 你最需要拯救的是你自己。

敌意是关系的杀手

大部分抑郁者的情况是情绪低落，对什么都没有兴趣，话也不多，通常喜欢一个人待着。这看起来似乎没有什么攻击性，但抑郁不是没有攻击性，而是攻击性的主要方向指向了自己。

常见的抑郁者不会直接向周围的人或者事表达攻击性。实际上，他们难以表达攻击性，小到一点点的失望，大到强烈的愤怒。他们在处理这些情绪的时候深感乏力。比如，一个妻子对于丈夫总是不管孩子感到不满意，但她既不能表达，又不能做出调整，情绪一直压抑，感到无能为力。

为什么不能表达自己的失望和愤怒？主要的原因是抑郁者害怕这些情绪，这种恐惧令他非常不安。在他感受到这些情绪的时候，同时感觉到了敌意。

在上一章中，我提到婴儿的全能自恋被满足的时候会得到“我能”的感觉。而没被满足的婴儿会更早地体会全能自恋的挫败与暴怒。比如，用哭声免疫法训练孩子的睡眠，孩子哭了十分钟、二十分钟，甚至半个小时还是没有人来安抚，于是孩子的全能自恋感受到的是：这个世界我控制不了。一个不能被自己掌控的世界对于小婴儿来说，就是有敌意的。

婴儿借助于妈妈的存在来感知自己、感知世界，妈妈不在，婴儿就感觉不到自己，那么，婴儿会过早地启动防御功能，控制自己。所谓“你不管他，他就不哭了”的真实情况是婴儿已经很绝望了，他不再那么期待外在给予反应，他会觉得比起控制别人，控制自己相对容易一些。

在临床上，我注意到过早听话的孩子容易“遭遇”抑郁，就好像一匹马一直要求自己按照外界的要求不停地跑，跑到一定的时候就再也跑不动了，甚至有的马会暴毙。抑郁者往往有透支生命的感觉，这种透支又没有办法及时补充，最后变成了一个大洞。

温尼科特曾说，在好的环境中，攻击性作为一种有用的能量整合进个体的人格之中，参与工作和游戏。但在不好的环境中，攻击性会变成暴力与破坏性。很多人抑郁的时候会发现，自己在某些瞬间有种想要破坏东西、破坏环境，甚至破坏自己的感觉。抑郁者内心的破坏性与外在的恐惧同时存在，他们看上去好像并没有过多的攻击性的原因就在于，恐惧使攻击性的能量转了一圈之后又回到了他们自己身上。

如果婴儿被过早地唤醒内在意识，被要求立即适应这个社会，那么他的恐惧显然大于其他情感，因为这是生死存亡之大事。在关系里，恐惧意味着某种隐含着的敌意。但是，当你的生命被掌握在他人手上的时候，这些敌意都只能被压抑下来。

敌意并不能直接呈现在关系里，至少不能被直接地感知到，因为敌意代表着危险。应对这种敌意的方式便是开启理想化防御模式。在关系里，把对方理想化和把自己理想化是同时进行的。但是，理想化的同时，也是对对方的一种攻击。最典型的就是要求完美：一件事情一定要非常完美才能够放过自己、放过别人。

最常见的就是完美妈妈。她们养育孩子时，凡事亲力亲为，不放过每一个细节，哪怕自己已经很累了，还是不停地付出，将生活中的各种事情安排妥帖。孩子如果闹情绪了，她作为一个完美妈妈，一定要接住孩子所有的情绪，理解他、陪伴他。完美妈妈并不是无所求，她的付出是需要回报的——她对孩子的要求也是完美的。比如，孩子要懂事、听话，能够理解她的苦心，要成绩好、身体好。

要求完美的妈妈其实对孩子是有很多敌意的。我有一位来访者就是个完美妈妈，但孩子并没有成为她想要的样子，反而经常对她大吼大叫。她觉得自己已经接纳了孩子的情绪，为什么孩子还会这样对待她？她非常生气、愤怒，但是不能表达，渐渐地抑郁了。

我在跟这位来访者做咨询的过程中，发现在她很小的时候，她就已经很会照顾自己的爸爸妈妈、弟弟妹妹了，但是她的父母偏爱弟弟。她从来没有表达过对没有得到足够重视的愤怒，反而用自己的理想化防御把自己变成了一个近乎全能的人，以此赢得父母的关注。显然，她承受了不该承受的重担，过早地变成了小大人。

“完美孩子”往往也有对父母的敌意。在孩子长大后，这种敌意的表达方式有：愿意给父母钱，但是不愿意回去看他们；爸爸妈妈一说话，就感觉在给自己提要求；总想离父母远远的；对身边所有提要求的人都感到愤怒。

我的这位来访者对待她的孩子就像对待她的父母一样，满足孩子所有的需求，同时要求孩子变成理想的父母的样子，要求孩子关注她。显然，这样对待孩子，孩子感觉到的是敌意和恐惧。孩子没有感觉到自己是真正地被妈妈所爱，而是被妈妈当作了一个工具。所以，孩子当然对妈妈很生气，当然会攻击这段关系、攻击妈妈，比如，不按照妈妈说的去做。

这位来访者的孩子和童年时的她有所不同。孩子毕竟还能向她大吼大叫，而在她的童年，这几乎是不可能的，她压抑得很厉害。现在，她的孩子是在用这种方式表达对她的愤怒和抗议。

这位妈妈看到了孩子的愤怒，就像看到了自己当年的愤怒。她第一次明白，原来对别人的过高要求、对自己的过高要求，都是在表达愤怒。当隐藏的敌意慢慢浮现的时候，她说她感到轻松。她其实也可以用不那么具有破坏性的方式表达自己的愤怒，她甚至还找到了更多方式来表达自己的情绪。

敌意是指向恨的。温尼科特曾说，让父母在孩子恨他们之前就先恨孩子。我想这句话的意思是说，作为父母，你完全可以去恨你的孩子而不必太过担心，因为恨是我们人类的一种基本情感，是一种安慰和理解。父母可能都恨过自己的孩子，不必苛责自己，我们不需要做得那么完美。

这位来访者和我的咨询关系持续了三年，当咨询结束的时候，她和孩子的关系已经大为改善了。这得益于她不断地面对自己。她的孩子曾经在作文里写道："我的妈妈是一个勇敢的妈妈，她一直都在直面自己的黑暗，我为有这样的妈妈而骄傲。"

即便曾经孤独地长大，也仍然有新的机会重新成长。

分享小锦囊

锦囊一：让自己感到安全。如果在你的生命里，有人能够让你感到安全，建议你在这样的关系里得到滋养，化解敌意。如果你找不到这样的关系，我建议你找专业的咨询师。这段关系也是安全的，很多敌意可以被化解。

锦囊二：保持对自己的觉知。当一段关系里有冲突的时候，感受一下自己的情绪。思考一下，是不是其他时候也有这样的感受，是什么引发了这些感受。这能够帮助你进一步认识自己的敌意。

锦囊三：确认。在现实里，确认对方是不是真的需要你这样对待他。比如，你的孩子在户外玩耍，你觉得他渴了，应该喝水，但是带的水喝完了，于是你回家拿水给孩子。等水拿回来了，孩子却不喝。你很生气，认为自己辛辛苦苦地回家拿水，孩子却不接受你的好意。在这个例子中，现实确认就是你要和孩子确认他现在需不需要喝水。如果他不需要，你就不需要去做这件事。

这个例子背后的幻想是：你在担心，如果你不拿水，你就不是好妈妈。你为自己做好妈妈而付出，要求孩子必须配合。一旦孩子不配合，你的敌意就蹿出来了：都是你，让我这么辛苦。但现实是：孩子并没有让你这么辛苦。他只想玩耍，不需要饮水。

锦囊四：活得快乐一些。做一些放松的事情，比如运动、听歌、看电影、旅行，有助于化解敌意。

总结

（1）所有理想化的背后都含有敌意。

（2）要求完美，是对自己的攻击。

（3）敌意指向恨的方向，当有一个空间允许自己恨时，敌意就会被化解。

（4）如何在现实层面化解敌意？请看本节最后的一些建议。

讨好让你失去自己

因为恐惧，所以把自己变成完美的人，而完美的主要目的，是讨好让自己恐惧的人。在这种情境下成长的孩子，安全感缺失，对环境也很敏感，很容易感觉到周围的敌意，活在紧张之中。讨好，是恐惧情境下的生存策略，是为了活下来。

曾有一位网友跟我说，她妈妈对她大吼的时候，她不知道怎样办才好。如果她不听从妈妈的指令，后果会更可怕。被打是常态，而且被打了之后，妈妈还不理她。最恐惧的时候，她觉得她妈妈会掐死她。小时候，她总是做噩梦，梦见一个女鬼追着她，用剪刀剪她的喉咙。这种死亡随处可见的感觉，真的非常恐怖。

面对这样的恐惧想生存下来，该怎么办？讨好是自身发展出来的一种非常有效的防御策略，可以在对方很强大的时候保护自己。

我的一位朋友跟我说过，她小时候发现只要她按照妈妈说的去做，妈妈就会对她和颜悦色；在妈妈生气的时候，只要她去哄，妈妈就能够高兴起来。渐渐地，在妈妈心情不好时，她都会冲上去安慰。因为她觉得妈妈高兴，她的天空才晴朗。长大以后，她却见不得别人有情绪，对很多情绪都感到厌恶。她说她受够了。这样的事情不是个案，也许我们很多人在童年时都干过这样的事情，努力地想让自己的妈妈高兴。

讨好付出的代价是失去了精神上的自己。我们身边很多人都是这样。当你变得没有主张、没有想法、没有自己的感觉，只是一味地迎合他人的意见时，也许你可以问问自己："我快乐吗？我活得有热情吗？"

我有一位来访者，在我这里咨询了三年半。她最初来的时候，前四十五分钟都在谈她的学业和工作：在知名大学一路读到研究生，毕业后顺理成章地留在了大城市，嫁了个家底殷实的丈夫，还有一个聪慧、可爱的孩子，一切看起来很完美。咨询快要结束的时候，我问她："既然你的生活如此完美，你今天来这里咨询是为了什么呢？"她一阵沉默，然后说："我不知道。我就是想找人说说话，我觉得心里老是压着什么，喘不过气来。"我感到一刹那的悲伤，于是，我反馈道："你不快乐。"她听了，没有说话，眼泪顺着眼角流了下来。那次之后，她决定做长期的心理咨询，看看为什么自己不快乐。

如果我们了解一下她的成长经历，也许就能够清楚她为什么会这样。

她的爸爸常年在外地工作，家里只有妈妈和她。妈妈对她百般照顾，不让她做任何家务活，只要好好学习就可以。她没什么朋友，乖乖上学、乖乖放学，连小时候学小提琴都是妈妈说让她学，她就去学，等上小学五年级学业压力大了，才停下来。唯一的叛逆行为是考大学，她去了外地。她说，那几乎是她一生中第一次有主张，但专业也是父母帮忙选的。毕业后进的单位也是父母觉得好，她就去了。

在成长过程中，她的一切喜好、感受仿佛都不存在。妈妈让她做什么，她就做什么，让妈妈感到不高兴的事，她一律不做。妈妈的需要就是她生命的主心骨，妈妈的高兴就是她生命的全部。妈妈和她就像一个人：妈妈是下达命令的大脑，她是负责执行的身体。

她上大学之后，过了两年还不错的自由生活。直到开始谈恋爱，她才发现，一进入亲密一点儿的关系，她就开始失去自己的意志，不自觉地讨好对方。毕业之后，她结婚、生孩子，又是一样的机器生活：听丈夫的，听单位领导的，听妈妈的。她没有特别喜欢的事，她甚至不知道什么叫喜欢，什么叫不喜欢。她似乎没有作为一个人的感觉。

有一次，因为我外出，所以咨询暂停。等我们见面的时候，她告诉我，在这期间，她很期待快一点儿见到我。我给她反馈："你想念我了。"她哭了，说："我竟然不知道这种感觉叫作想念。"那一刻，我感到很深的悲伤。讨好使她将自己的感觉麻痹，活得就像一个物件。这是她觉得生活没有滋味的原因。她说以前没有注意到，有了孩子之后，她才觉得生活那么没有意思。一切顺利还好，一旦遇到一点点不如意的事情，她就觉得很累，甚至想死。

讨好者将自己的权利拱手让给他人，由他人主宰。如果对方如你所愿，那便获得了"我能"的感觉；如果对方，或者周围的环境没有如愿，讨好者会陷入失控状态。而失控带来崩解感，严重地威胁个体的完整需要。此时，攻击已经发生，讨好者会责怪自己没有做好，在心里严厉地鞭打自己。这是一场内在的战争，残酷至极。讨好者的核心是：委屈自己，成全别人，按照对方的期待来反应。这意味着，他们放弃了自己的想法、位置和需要。

讨好者会给人一种仁慈的感觉，即不好意思伤到别人。

我分享一个自己的故事来说明。

有一次，我家保洁阿姨遇到了突发情况，我看到她在楼道里打电话，同时传来很大的争吵声。我的心里有一点儿不舒服，希望她能在进门之前把自己的事情搞定。进门之后，她开始做事情，但很快就再一次接起电话，陷入了争吵中，声音非常大，又吵又哭。我越来越不舒服，于是走到她跟前，试着解决这个问题。但是，当看到她泪眼汪汪的样子后，我感觉她受了巨大的委屈，我把没有说出口的话迅速咽了下去。

她一见到我就马上挂了电话，跟我说："你说我那个哥哥多没有良心……"我很清楚自己即将被卷入"你看谁有理"的旋涡。我很不希望这样，我希望她能够停止这场吵架，因为现在是工作时间。但在那一刻，我觉得自己太残酷了：你看，她现在多痛苦啊。于是，我说出来的话是："我现在没有办法安慰你，你冷静一下，那样的人就不必跟他计较了。"

这软绵绵的话一说，我就觉得自己很蠢。她没有停止争吵，我又一次想跟她沟通，但还是没有说出口。我生自己的气，觉得自己很没用。我想着她在这种状态下做出来的饭菜会含着愤怒的味道，于是我请她完成手中的活之后就离开，我们自己准备晚餐。那一刻，我最大的愿望就是：希望她快一点儿离开，我不想见到她。我明确地感觉到了我对她的敌意。

后来又发生了一件事情。我在一个没有封口的小包裹里放了一枚戒指，准备寄走维修，但我出门的时候忘了，于是准备第二天再寄。但等我要寄的时候，那个小包裹不见了——阿姨前一天把它当作垃圾丢了，还是我丈夫给顺手带到楼下垃圾桶里的。我问她的时候，她懊悔至极。

我当时非常生气：阿姨没有乱丢过什么东西，这是她第一次误丢，我好像没有理由怪她；几千元钱的戒指我也不能让她赔，她赚点儿钱不容易。我就这样想啊想，憋了一肚子气。晚上在淘宝上买东西时，我竟然跟商家起了冲突。

我跟我的治疗师谈这件事情，她说："你家阿姨当然要丢掉你的东西泄愤啦，因为你说，你没有办法安慰她。"当时，我心里一怔，开始把这件事的各个细节理一理。

因为我的伪善以及所谓的"仁慈"，竟然使她用丢掉我包裹的这种方式攻击我。我所谓的"理解她的难处"，无非是想得到"我是一个好人"的名声和感觉。那个理解的瞬间，我们的边界消失了，她是一个贪婪的"孩子"，而我成了一个想满足她却心不甘情不愿的"妈妈"。角色功能与当下的我们错位了。这一切都不是发生在意识层面的，一种很深的恐惧把我们缠在了一起。

看清这些后，我回到现实，明白我不能不发出真实的声音。于是，我决定找个时间跟她好好谈一谈。我和阿姨谈的时候事情已经过去了四天，我有足够的时间来处理我的愤怒。当我们谈的时候，我的敌意没有了，我只是很平静地跟她说，她心情不好的时候，会影响判断，所以丢错东西的概率会大很多。我希望她能保持工作的边界，紧急的事情可以简单通话处理，工作时间还是要全心工作。我们也商量好了赔偿方案，双方各承担一半的费用。

我的内心感到很通畅，她也很高兴可以这样沟通和解决这件事。所以，对我而言，这是一个有损失的完美结局。如果我不将这些说出口，势必会影响我们未来的相处。时间久了，内在无意识的破坏和攻击会更多。

讨好就是如此普遍地存在于我们的生活中，也非常隐蔽。那一刻，我丢失了我自己，允许它破坏我的空间。我想成为一个好人，试图满足他人的需要。然后我攻击自己，攻击关系中的对方，对方也攻击我，这不是一个滋养的关系。

通过觉察，我们就会发现，当我们不能遵循内心的声音时，内在的无意识就会出来阻碍我们。唯有一点一点地理解、思考、分辨自己到底想要什么，同时在现实里确认，才能够真正地找到自己。

分享小锦囊

锦囊一：做自己。你不需要成为他人想要的样子，尝试做自己想做的，照顾好自己。

锦囊二：拒绝。当有人傲慢地要求你做你很不想做的事情时，要勇敢地拒绝。这意味着你开始尝试不再成为对方眼中的“谁”，意味着你为自己拒绝他人。

锦囊三：积累信心。如果你很害怕拒绝，那么也许你需要先积累一些信心，可以从一些小的事情、容易的事情入手。比如，你在商场里试吃了一小口酸奶，如果你不想买，就坚决地不买。

锦囊四：宠爱自己。讨好者应该狠狠地宠爱自己。喜欢什么，也负担得起，你就买。不需要通过讨好别人，让别人买给你。

锦囊五：尝试面对和接受。如果在关系里，你拒绝了，他人离开了，你要明白这就是你们关系的坚实程度。如果他人连你的一点儿拒绝都接受不了，那么这段关系就实在太脆弱了，你需要把更多的精力放在坚实的关系上，而不是脆弱的关系上。

总结

（1）讨好是在死亡恐惧下的生存策略，是为了保护自己。

（2）一味地讨好会让人失去自己的精神内在，变成一个物件。

（3）讨好者失去了生命的活力和热情，并且因为过分苛责自己，容易陷入抑郁。

（4）有些人的讨好方式戴着伪善的面具。对自己不尊重，是对自己的攻击，会使他人伤害自己。

（5）即便有这些讨好的特征也不要太担心，慢慢地去理解、思考、分辨和确认，这样就会慢慢找到真实。

互动：走出恐惧，增加力量感

有一位朋友留言："为什么我要去安抚别人的情绪呢？"

这位朋友觉得是安抚，我尊重他的想法。同时，我想说，如果大家愿意尝试与别人的情感相连接，而不仅仅是在头脑层面思考，收获也许会不同。

攻击性是一个人生命力的伸展，我做的第一件事就是看见大家的攻击性。你表达了情绪，我接住你的表达，攻击性就流动了，关系就产生了。可能你表达了之后，你攻击性的破坏力部分就会转变。

我做的第二件事情是为你们的表达感到高兴，这是在滋养自尊感。很多人的生活里没有人为他们的一点点发声而高兴，也许他们也没有为孩子这样高兴过。表达需要被肯定，愿望需要被尊重。我见到的很多攻击性的案例是跟这些挫败和孤独（没有人为你喝彩，没有人在意你的表达）相连的。我想做的正是尝试理解你，以及告诉你，你可以这样对待你自己、对待你的孩子。

我做的第三件事仍然是理解。理解会帮助你看到深层的自己，看到自己的盲点和局限，你可能会找到更适合自己的方法。

另一位朋友跟我说："我平时很少与人发生冲突，不满常常闷在心里，几乎不会向他人提出要求，感觉给他人提出一点儿要求或者建议就好像是发出攻击。有时候也劝告自己这不是敌意、不是攻击，可就是很难说出口，生怕伤害他人。感觉这样会让他们不舒服，干涉了他们的习惯和自由，也担心发生冲突，进而影响关系。我心里也很堵，这是怎么回事呢？"

这段话中有个关键概念：不向他人提要求。过分在意别人舒不舒服的人往往就在关系里把自己牺牲了。你是不是觉得自己哪怕发出一点点攻击，就会把他人伤到？他人真的这么脆弱吗？你提出一点儿要求就是干涉他人的自由？这些想法在现实层面上有多大可能是真的呢？仔细想想就会发现，真实性是非常低的。你把别人想象得很弱，而认为自己很强，他们没有办法抵抗你的一丁点儿力量，这就是全能自恋：我的影响力很大，我很怕我会毁了这个世界，也怕被这个世界所毁灭。

很多人都会有这种恐惧，觉得自己走在大街上，别人会盯着自己，自己发出一丁点儿声音都会影响到别人。其实，别人哪里有那么多闲工夫盯着你看、听你说话呢？你觉察一下自己，是不是一天到晚想的是自己，没工夫想别人脸上是不是多长了一颗痣，头发上是不是有一片树叶？你根本没那个力气和闲情。

很少与人发生冲突，其实是压抑了攻击性。在这种情况下，你对别人感到愤怒，你提出的要求是带有敌意的，而这种敌意你很难驾驭。从这段话中，我还感觉得到，这位朋友在很努力地从头脑层面说服自己，其实也是在强迫自己。他太恐惧这种毁灭感了，所以不敢发出要求的声音，他当然会感到不痛快了。

解决这个问题的核心就是减少恐惧。除了要不断成长、增强自己的力量感外，还有一个最重要的部分，就是在现实中检验。只有不停地跟世界碰撞，才能够确认现实的边界。一直在全能自恋的幻想里痛苦，是永远摸不到现实边缘的，将永远停留在幻想的层面。当我们用隐忍拯救身边的人、自己委曲求全时，我们没有照顾好自己，是在给内在攻击性增加破坏性的力量。

我在“真实之美”那一节提到过，要与真实的自己连接。当我们真正地作为一个人活在这个世界上，有人的各种情感时，才会觉得这就是生活，不是地狱。

一位朋友说：“每当我指责孩子、指责爱人之后，我觉察到自己是因为追求全能自恋失败了，所以感到深深的失望、愤怒。然后，我就陷入深深的内疚中，觉得自己不好、不完美。我怎么可以对自己的孩子和爱人有敌意、有恨呢？我不太能理解‘人可以恨自己的孩子和父母’这句话。真的可以吗？总觉得恨父母、恨孩子的人是少数的、邪恶的，怎么才能让我真的在潜意识层面接受这种观点呢？”

首先我要说，指责其实就是一种浅层次的恨。这段话让我看到这位朋友的内心有一种批评的声音一直在指责她自己。我们内在的苛责使自己要成为一个完美的人，而完美是自恋的幻觉之一。我在想，这位朋友所表达的其实是一种不被接纳的感觉：不完美就不值得爱，对别人有敌意，就是不完美。这对任何一个人来说都是攻击，因为它违背了作为一个人的基本准则：人就是会有各种情感，会犯蠢。

攻击自己，也是在攻击别人。自己做不到完美，会期待他人能做到。在这样的关系中，他人累，自己也累啊。如果一个人真的不恨、没有敌意，他就不会指责别人、指责自己。对他人苛刻，通常都是因为对自己苛刻。一个有爱的人，对他人是真诚的、友善的，也是宽容的。

怎样接受“人可以恨自己的孩子和父母”这种观点？我想大家需

要了解恨、敌意是每个人都会有的情感，没有好和坏之分。也许这可以降低抵触。还有一个深层次的原因：父母和这个世界都更多喜欢我们美好的、阳光的那一面，而排斥另一面；分裂的两种情感都存在，却没有被真正地整合。要想从潜意识层面真正地接纳这个观点，其实也就是接纳自己。这需要一些深度的成长，才能慢慢地重新整合。

我们接纳自己是不容易的，那些曾经不被接纳的部分是我们丧失的部分，我们现在要把它找回来，熟悉它，与它产生更多的连接，这需要时间。

有朋友留言道："我的生活一直是忍忍忍，忍不了了，就同归于尽。我似乎不知道应该怎样拒绝别人，可又经常挥舞利剑，伤到别人的同时也会伤到自己。"

这个问题其实很普遍，也听得人心里堵得慌。其实忍，最后就两个结果：要么爆发，要么沉默。你选哪个？

我来给大家分享一个我拒绝他人攻击我、伤害我的例子。

有一次，我在看留言的时候，一条留言让我很不舒服。留言者没有底线地说脏话，主要内容是嫌我的在线课程更新慢。他天天上线刷课程，但课程总是没按照他幻想中的方式更新，他觉得他想看到课程更新的时候就要看到更新。这是多么神仙自恋啊！我的课程是按照承诺的时间，每周二、四、六更新的。这是一个现实边界。

他有期待，我很能理解，甚至我还能感觉到他大概是很想看到这个课程更新，所以才这么急切。但我的底线是，我不接受他对我说脏话，对我不尊重。我感觉自己很生气。在这里，表达你的任何情感，我都可以接受。但是，如果对我没有基本的尊重，那么对不起，我会反击。

我是这样反馈的，我跟他说："我很不喜欢你说话的方式，我对你说脏话、不尊重我的行为感到很愤怒！我尊重你的情感，但是如果你继续以这样不尊重的方式对待我，那么我将不会愿意再看到，也不会愿意回应你的任何一句留言。直到你重新用尊重我的方式，我才会愿意与你建立新的连接。"

这些话发出来之后，我心里挺舒畅的。我是一个导师，听课者对课程有触动，我欢迎大家表达自己的感受，但这是有底线的，基本的尊重是要有的。在一段关系里，有人侮辱你，你还允许他这么做，只是自己生闷气，这样是不必要的。只要是人，都会生气，我们为什么一定要做到十全十美呢？对于不客气地攻击我的人，我绝不会委屈自己。在保持基本尊重的情况之下，我不会与他客气。

你首先要对这样的人表达你的生气，告诉他，你不喜欢。然后告诉他什么样的情况下，你愿意再度回到这段关系里来。这是一种成熟的表达方式。如果我给了他机会，他下次还这样，我不会再给他这样的机会，我宁可放弃这段关系。

你要做好的准备是，有些人就是不跟你说话了，不理你了。对我而言，这样不尊重我的人，我根本不愿意与他交朋友。他人愿意尊重我是我建立关系的基本前提。我们是值得被珍视的，我们的情感、我们的人格都需要得到基本的尊重。有时候在关系里，别人进，你退，这会让别人误会你的边界，你需要很清晰地给出自己的边界。

有些质量不高的关系是可以“沉没”的，就像经济学中的沉没成本。只要你开始尊重自己，就会吸引到那些愿意尊重你的人来到你身边。记住，发出自己的声音，不是要去毁灭，你只是想跟这个世界建立更加美好的连接。你是要去创造新的关系、新的可能，你会找到新的自己。

攻击性与焦虑：
过度控制，是看不见对方作为一个人的存在

分化与纠缠：离开你，我活不下去

“离开你，我活不下去。”这不是一句匪夷所思的话。越焦虑，越控制；越控制，越焦虑。“离开你”包括我主动离开一段关系，也包括被动离开；“活不下去”是指没有了这段关系、没有了你，我痛苦的程度堪比死掉。这痛苦在精神层面的理解是内心深深的死亡焦虑。

前面我们讲过关系里的共生，它不仅仅包含一起活着，还包含一起死去。所谓“同生共死”，就是两个生命搅在一起，没有分化。这是婴儿成长的必需，婴儿要到一定程度才能开始分化。

很多成年人关系里的共生，就是没有分化成功，所以整天黏在一起。因为强烈的死亡焦虑，共生关系有一种被牢牢抓住的窒息感，让

人想逃离。黏在一起的双方一旦有一方生出分离的愿望，就意味着共生的幻想遭到了破坏。那么，不想分离的一方就会感觉到被抛弃，感觉自己离死亡不远了。在这种情况下，不想分离的一方就非常想去抓住这段关系，这样就会找到那种控制感，活在继续共生的幻想里。但是，你的伙伴、对象不一定配合。

最常见的控制，是我觉得你需要，然后我把“需要”强加于你。它有一件非常美丽的外衣：我都是为了你好。比如，“有一种冷，叫作你妈妈觉得你很冷”，于是你妈妈非要给你加一件衣服。这个过程中，妈妈不考虑你的想法和意见，她觉得冷，就非要给你加一件衣服才能消停。曾有一个姑娘跟我说，如果她拒绝加衣服，她的妈妈就能在她身边唠叨一整天，使尽浑身解数，就是为了让她加件衣服。最后，她简直要崩溃了。

我们分析一下妈妈的内心：你不穿衣服，我很焦虑；我要你穿上衣服，配合我的焦虑，否则，我就会死。

当一个人不考虑关系中的另一方也是个人时，他就不会觉得对方有情感、有意志、有需要。他只觉得对方是一个机器，听命令即可。问题是，对方不是机器，是一个人。哪怕他是一个孩子，那他也是一个人。不把对方当作人，对方自然不舒服。人们会以各种方式应对这种不舒服：逃离，正面反抗，破坏合作。

过度控制就是看不见对方作为一个人的存在，是对关系的攻击和破坏。控制者觉得是对对方好，对方觉得控制者是在伤害自己，这叫吃力不讨好，本质上是入侵。

我们了解到很多父母会以各种方式干涉结了婚的孩子的生活，有的甚至是孩子到哪里也跟到哪里。这样的情况常见于孩子的妈妈。养一个孩子长大，最直接的目的是，你得听我的。我说要跟着你，你不能拒绝；我说要帮你带娃，你得感谢我；我说要给你整理家务，你得天天夸我。这样的妈妈，贴钱给我，我都不想要。

曾经有一个姑娘的妈妈就是这样。她妈妈决定吃什么、什么东西放在哪里。如果她妈妈要外出，就会提前做好三天的饭菜放在冰箱里，理由是怕她饿。这是多么可怕的事情，一个成年人，不傻不笨，却连自己三天基本的温饱都搞不定？我们觉得很不可思议，但在这位妈妈眼中，它就是一个“事实”，她就是感觉她离开孩子三天，孩子会连饭都吃不上。

这显然经不起逻辑推理。这个姑娘是成年人，不是婴儿。但是，被焦虑吞噬了的妈妈没有了逻辑，她离开三天就紧张得仿佛要失去自己的孩子。所以，她临走时要做三天的饭菜，这样她的焦虑就缓解了。

这位妈妈认为孩子离开了她就活不下去，这其实是一种投射。她的女儿曾经一个人去丽江旅游，也没有饿死。投射的意思是一个人把自己内心的愿望投放到另一个人身上。这个妈妈就是这样，她觉得女儿离开她就活不下去，其实是她离开了女儿就活不下去。女儿为了逃离妈妈，经常去外地旅行，通常都不打招呼，到了目的地才发个信息。

关系到这个地步——控制的妈妈与逃离、反叛的孩子——没有人会享受，孩子不能公然地跟妈妈吵闹，就采取被动的方式：吵不过你，我走，还不行吗?

还有一种情况是，控制的妈妈与温顺、压抑的孩子。这样的孩子什么事情都听从于妈妈或者爸爸。他们严重压抑了自己的生命力，不提需求。这样的孩子活得特别没有热情，很容易陷入抑郁。

临床咨询里，当一个儿童和青少年咨询师是很不容易的，因为你不仅是在跟孩子工作，还是在跟庞大的家庭系统工作。我在从业之初做过一些青少年个案，孩子有一些好转了，父母就会停止咨询这种情况很常见，这让我感到挫败。精神分析里有这样的解释，青春期的父母会对孩子的咨询师产生忌妒。他们很担心当孩子喜欢咨询师的时候，他们会失去自己在孩子心目中的地位，所以他们会控制孩子和咨询师见面。后来，我将主要工作方向放在成年人身上，这样的情况就相对少了。对于成年人来说，虽然有很多影响来自早年，但毕竟自己现在可以决定来咨询。从应对控制的角度来看，成年人的优势当然高于儿童。

儿童养育的控制性环境，是掌握在父母手中的。父母的独立性决定了孩子是否能够顺利分化，成为一个独立的人。在控制者这里，他们与孩子的关系其实并不舒服：孩子用自己的方式表达着抗议和攻击，控制者如果不把力量转回自己身上，这种模式就会一直延续下去。

不能够控制住自己的焦虑，认为别人只有在自己的照拂之下才能够存活，别人活下去了，自己才觉得心里舒坦了，这些都是在投射自己的死亡焦虑。现实情况是，没有你，别人照样能活，活得怎么样那是他自己的本事。

过度控制的人通常没有活在当下，永远在未雨绸缪。就好像未来总有危险，他要为未来的不确定做好规划、做好应急措施，这样就放心一点儿。本质上，他仍然需要能够控制的确定感带来的安全感。问题是，这种安全感总是要以他人的自由和紧张为代价。

我讲的很多控制都是指过度控制，基本的控制是要有的，主要的方向是控制自己。但是，一个人过度焦虑的时候，他的内心是失控的，于是就会通过抓取其他人来获得控制感，缓解自己的焦虑。与之配对的被控制者会感到紧张，并且在关系中非常不自在。

如果一个人有过度焦虑的情况，意味着他在幼年的成长中可能经历过一些创伤情境。通常，这些创伤跟分离有关。在婴儿时期，婴儿的分离是以妈妈的祝福和接纳为承托的。比如说，一岁的孩子开始说“不”，表达自己的愿望。妈妈看到了反馈：“哦，你有自己的想法，真为你高兴。”这就是一种祝福。如果妈妈的反应是：“不什么不，你才多大一点儿，这事得听我的。”那么，孩子的力量是被贬低的。

我们可以明显地看到，如果孩子有了分离的力量后，妈妈的力量高于他，他就会处在一个低位、一个失控的位置。那么在他的人际关系里，他会把失控感带给周围的人。他成为那个特别爱控制的人，但这是一种僵化的控制。这在不同程度上也影响他自己的幸福感：没有人愿意被这样控制，关系很有可能变得短暂——跟这样的人在一起生活会感到紧张、焦虑，还会非常愤怒，因为他总是给人以压迫感，而没有办法进入持续的深度关系会加深他的孤独感。

分享小锦囊

锦囊一：说“不”。对自己明显地、不明显地感觉到不想要的，要勇敢说出来，别委屈自己。

锦囊二：警惕幻象。对方会经常给你扣一顶帽子——“你多么不能干，没有他，你不行”。这个世界，除了婴儿依赖大人才能活，成年人自己都是可以活下来的。你要相信自己。

锦囊三：独立。被控制的人，很多具有依赖型的特质，那么需要独立起来。至少要一点点地开始学着独立，为独立做准备。

总结

(1) 分离焦虑，就是死亡焦虑。越焦虑，越控制；越控制，越焦虑。

（2）最常见的控制，是我觉得你需要，便主动干涉。过度控制就是看不见对方作为一个人的存在，是对关系的攻击和破坏。

（3）过度控制的人通常没有活在当下，永远在未雨绸缪。就好像未来总有危险，他要为未来的不确定做好规划。本质上，他仍是需要能够控制的确定感带来的安全感。

（4）过度焦虑者可能在幼年的成长过程中经历过一些创伤情境。通常，这些创伤跟分离有关。

（5）没有人愿意被他人过度控制，当你遇到这样的人时，你需要让自己强大起来，让自己有力量说“不”，也有力量离开。

焦灼与恐慌：焦灼的婴儿与缺位的妈妈

焦灼的婴儿内在有强烈的无力感、飘浮感、低价值感和孤独感。

首先，让我们来看一些感觉和体验。

无止境的累。它像是连绵的山、连绵的雨。

焦虑感。忙的时候，有一种紧张的有目的的焦虑感，一旦事情做完了，便陷入另一种无所事事的焦虑感。

没有停歇的紧张感。有的人甚至在晚上睡觉时都是紧张的。

飘浮感。它甚至比焦虑感更加让人难以忍受，就好像进入了一个无边无际的时空，那里只有你一个人，你什么也抓不着，你好像不存在了，不知道自己是谁、在干什么、要去哪里。时间变得很慢，好像明天不会再来。

无力感。伸出去的每一根手指都是软绵绵的，你仿佛就快要死去了。喊不出来，即使喊出来了也没有人应，就那样一个人陷入深深的黑暗深渊。

……

写到这里，我感到有些心痛。因为我自己有很长时间都有这些感觉，有时候会不自觉地把时间都填满，做很多事情。这其实就是一种防御，这种防御可以使我离那种焦灼的飘浮感远一点儿。

我们可以在很多人那里见到这种防御。比如，我的一位朋友跟我说，她以前是那种看起来特别独立、高冷的人，基本上不会依赖别人。但是，她遇到自己的心理治疗师后，竟然感觉自己像一个小孩子，恨不得一天二十四小时都能够见到自己的治疗师。她惊讶于自己对于关系的渴望和依赖竟然这么强烈。

这种独立其实是假性独立，是为了让自己看起来强大一些而装出来的有力量的样子，内在是很空虚的。为什么空虚呢？因为在她的生命中没有感觉到母爱之光的深情凝视，没有真正地互动过、相遇过。

一位恨不得一天二十四小时都能见到治疗师的来访者，就是一个恨不得一天二十四小时都能见到妈妈，跟妈妈在一起的婴儿。这个想见，不仅仅是想念，更是内心一种强烈的被看见、被陪伴的需要。婴儿因为被看见才感觉到存在，才感觉到有意义。如果见不到，婴儿就更想见，就到处找，可以想见婴儿有多焦虑。

婴儿在不被看见的环境中渐渐长大，可能发展出来的关系模式是“飞蛾扑火式”：只要有人给了他一点儿爱的星光，他就可能扑过去，愿意为其付出所有。曾经有一个姑娘跟我说，她对之前的男朋友心动就是因为他在她心情低落的时候来看她，给她买过一份小零食。两个人分手后，她反思，果真是因为一份小零食吗？当然不是，重要的是那种有人惦记、有人看重的感觉。她觉得以前没有人在她心情不好的时候关心她、陪她，给她买小零食。她从小孤独地长大，对于关系和爱的饥渴已经使她对于什么是真正的爱失去了判断力。

“飞蛾扑火”者会把一点点温暖看作爱，甚至在关系里贬抑自己。因为害怕被抛弃，他们通常会牺牲自己的利益以换取对方的高兴。在这种不平等的关系中，他们当然不会获得真正的幸福感。

焦灼中的婴儿会体验到很强烈的低价值感，他们不会认为自己是被珍爱的、值得疼惜的，他们会在不停的寻找、不停的挫败中，用幻想来理解为什么会这样。从精神分析大师们对婴儿以及成年人的研究来看，很多婴儿可能在很早的时候幻想是自己造成了这个状况：自己被丢弃、没有人搭理，甚至被羞辱和被贬低，都是因为自己不够好。这种幻想很残忍，但是这种幻想帮助婴儿找到了一种控制感，即如果我变得足够好，我的妈妈就会爱我。这些幻想会一直持续到成年，影响到关系的方方面面。

我变得足够好的意思是：我本来不够好，但我努力了，就能更好，我妥协了，就能好。低价值感是对自己的攻击，与卑微是联系在一起的，“你不够好，你还需要更好”。与这样的人相处，他们身边的人会很愤怒，因为他们太容易勾起对方对于自卑这种感觉的疼痛了。所以，关系中的对方会对他们生气、攻击他们，也就是我们常说的“招人虐待”。

与焦灼的婴儿对应的是缺位的妈妈。这个妈妈有可能是逼不得已离开，也有可能是受不了了逃离，还有可能是即便妈妈在，也跟孩子没有什么交流。总之，就是妈妈不在场，也没有其他人替代，于是婴儿就像是不存在、被遗弃了一样。

一位来访者曾经跟我说，在她的记忆里，她的妈妈永远在忙，好像那些工作永远也忙不完。在她的记忆里，妈妈从未跟她一起坐下来玩过游戏，或者给她读过书。她是独生女，要是她哭闹了，妈妈就直接把电视打开。

她妈妈的身体在场，但是心不在。于是，她永远在专心地焦虑着。等她生完孩子，做了妈妈，学了各种育儿宝典，准备实践耐心倾听、安心陪伴时，跟孩子坐在地上玩了两分钟，她的心思就跑了，她甚至都不记得她的思绪是什么时候飞走的。因为不断提升的觉知，她将自己拉回现场，结果还是不行，她感到恐慌和烦躁，只想冲孩子发火。

联系她小时候的经历，我们就不难发现，她年幼时几乎没有与妈妈的目光有交集，她无法在那双眼睛里看见自己。他们在一个空间，心却在两个世界。她没有被母爱之光照耀过，自然也不知其中滋味，遇到孩子投过来的眼神，她不知道那是什么东西，便落荒而逃。在那一刻，孩子对她的渴望唤起了她幼年没有被陪伴的痛苦以及被遗弃的愤怒。在这样的感觉之下，她已经自顾不暇，哪里还有精力安心陪伴孩子呢？

在临床咨询里，很多人会问我，为什么陪孩子的时候那么痛苦？如果你能够理解，你没有被好好陪过，没有和妈妈深情流动过，你就能够明白：你不是不想陪孩子，而是你做不到。

同样地，焦灼的婴儿内心还有关于孤独的痛苦。没有交集，没有人，没有关系，婴儿的内在——没有被爱凝视过的生命，持续荒芜、灰暗。这会导致两种情况：一是长大后，对孤独上瘾，不愿意接触他人和世界，倾向于自闭；二是恐惧孤独，拼了命也要找他人，哪怕被虐待、被伤害，也要跟他人在一起。

有的人会有这样的感觉：一个差的关系，好过没有关系。没有关系的确可怕。武志红老师说过：“对于婴儿来说，无回应之地，即为绝境。绝境就意味着死亡。”因为要活下来，焦灼的婴儿会想尽一切办法来留住一段关系。一个随时在找妈妈的婴儿，能够找到就可以了，对关系不敢有太多的奢求。

这很令人悲伤。我们的父母从他们的父母那里学习到一种对待方式，我们又从我们的父母那里学习到他们的对待方式。所幸，我们现在有了更多的成长机会，情况会变得不同。

分享小锦囊

锦囊一：学着照顾好自己。我认为这是世界上最天经地义的事情。你先得有照顾自己的勇气，正所谓“穷则独善其身，达则兼济天下”。在你自己还很匮乏的时候，不要着急照顾别人，你自己是最重要的。

锦囊二：尝试提高自己的价值感。可以从任何小事做起，当你能够解决小问题的时候，尝试用言语认知的方式确认这种价值感。比如，我能把这件事情做成，我为自己高兴，我觉得自己很能干。

锦囊三：对自己的关系保持觉知。如果注意到自己在让出利益去满足对方的需要，那么尝试让这种退让停下来。这并不容易，但是当你能够尝试并停下来的时候，你会发现一些不同。

锦囊四：避免纠缠。对不尊重你的人，如果你还做不到主动回击，至少可以尝试少与他纠缠。这是为了让自己少受伤害。

锦囊五：尝试寻找外界的帮助。因为这涉及比较早期的伤痛，如果生活中没有温暖的环境让你得到滋养，那么建议你去找专业人士。

我的外在资源是非常不错的，好工作、好丈夫，还有很多志同道合的朋友，但是我觉得这些似乎还不够。让我发生较大变化的除了这些，还有我的治疗师。这段关系稳定、专业、安全、有效，还有爱，令我受益匪浅。

总结

（1）焦灼的婴儿内在有强烈的无力感、飘浮感、低价值感和孤独感。

（2）焦灼的婴儿在成年后会在关系中使用“飞蛾扑火”的方式，这常常让他们受伤。在关系里，他们会成为被虐待的一方。

（3）与焦灼的婴儿对应的是缺位的妈妈。妈妈出于各种原因离开，孩子会有不同程度的被抛弃感。

（4）没有被妈妈用爱凝视过的孩子的世界荒芜、灰暗。

(5) 焦灼婴儿模式的成年人可以通过不断成长来构建自己的健康关系。

高期待与面具人：高期待的背后是什么

我先来讲一段我自己的经历。

在这本书的内容准备过程中，我一度觉得我不能够做下去了，想要放弃。这个想法是由各个方面的原因造成的，主要的原因是，我很害怕自己会砸了武老师的牌子，这会让我感到很羞耻。我也担心自己不能满足别人的期待，这会让我感到很无力。这两者加起来，我出现了一种反应：脑袋一片空白，什么创造力都没有了。

当然，武老师最终消除了我的害怕。他压根儿没跟我谈“你不要担心，做不好也没关系”之类的话，他只是问我遇到什么困难了。这个问题让我有一点儿为难，有一种打一拳出去，却发现那里并没有对象的感觉——人家根本不接招。一场谈话后，那种空白感消失了，我忽然就觉得想法多了起来。

我只能说，武老师是高手。因为他很清楚，我其实不是真的想放弃，只是遇到了困难，做不下去了。所以，他直接在这里切入。结果就是，我决定再也不胡思乱想了，好好做内容。

我们来看一看这个例子中的高期待与攻击性的关系：高期待的背后是恐惧自己不够完美；想要完美，必然带来高压力。在武老师最初建议我做这本书的时候，我被强大的期待给罩住了，因为我对自己的信心在那个时候还不足，我非常担心自己满足不了这种期待。不能不说，这是一种幻想。因为武老师自始至终都没有说：“你要让我们公司全体员工满意，要让所有的朋友满意。”相反，他说的是：“你按照自己的感觉来做，时间不够，可以等一等。”你看，这是一种很有力的支持吧？

这也说明，我的幻想只是一种幻想，武老师并没有那么高的要求。但是，我还是会被带到那种高期待的焦虑里，并且难以缓解这种焦虑。我觉得这种压力太大了，我觉得我怎么做都不会完美，我很想逃走。

但是，其实我哪里逃得了呢？所以，我就感觉被困住了、动弹不了。我内心有一种深深的羞耻感浮上来，脑海里各种画面浮现出来，就像是要死掉一样难受。要求完美，实在太可怕了。因为害怕，我的力气都用来应付这些感觉和冲突了，根本没办法创造内容。

有一种高期待叫作“你不要拒绝我”。

有一位朋友分享了一个这样的例子。一天，她做编辑的朋友向她临时要一篇稿子，而且要得很急，说几百字就行。她的朋友说，她一定能写好，一定不会让大家失望。我这位朋友只是觉得有点儿不对劲儿，但是又不好推却。她觉得自己写不出来对方说的那样厉害的稿件，但是她不能拒绝。于是，她答应了下来。结果，悲剧发生了：就在她关电脑的那一刻，她鬼使神差地把水杯打翻了，电脑进水了。她跟我说这件事的时候，我有一点儿哭笑不得：被人高期待，难以抗拒，最后来了个破坏性的拒绝。

我们的无意识总是那么有智慧，它最清楚你心里的答案是什么。

“你不要拒绝我”与“我会答应你”是完美的一对，是拯救与无助的结合，是控制与依赖的结合。如果对方控制你，你也答应他，你就是在跟他玩你允许他依赖你的游戏。如果你很享受，那就另当别论。如果你感到痛苦，那么可以学着拒绝别人。拒绝别人的前提是你得先面对自己，你可以接受自己不再成为“你有求，我必应”的完美好人吗？有了这样的思考，也许你可以尝试不同的体验。

我的这位朋友跟我说这事的时候，我问她：“下次再遇到这种情况，你还想再打翻杯子吗？”她苦笑着说：“那杯水害得我好惨，这个代价太大了。下一次，我就直接说‘我不能答应你，不然我又忍不住自毁电脑’。”

这种方式还挺幽默的，我们平常在生活里也可以这样跟难以拒绝的人说：“我现在不能答应你，因为答应了你，我回去了不会放过我自己。”这种搞笑的回应，其实就是用一种轻松的方式来拒绝我们不想做的事情。也许你很难做到。没关系，当后果比较严重的时候，你会有机会痛定思痛，走出突破性的一步。

高期待带来的高压力，会妨碍创造力。我们身边有太多高期待的事情，最常见的是要求成绩好：不仅要是全班第一，还要是全校第一、全市第一。总之，要名列前茅，并且一直保持。起初，这些被要求的孩子会不断地往前奔跑，因为这样做是会获益的。怎么理解呢？如果得第一，爸爸妈妈就会很高兴，会夸孩子。孩子有这种自尊被肯定的需要。

被肯定是孩子早期生命发展里很重要的一部分，孩子要在父母的眼中看到喜欢和赞赏，这种赞赏更多是关于生命力本身的。比如，你勇敢地面对困难，我为你高兴；你如此专注，我为你高兴；你有自己的想法，我为你高兴，等等。如果这些赞赏聚焦于“你成绩好，我才喜欢你”，那么孩子就会奔着这个方向去。这其实是一种假性自尊。孩子会压抑自己的攻击性，变得非常紧张，因为他很担心，自己哪一次成绩不好，爸爸妈妈赞赏的眼神就没有了。

这样的感觉会让孩子沮丧，也会引发更多的愤怒，甚至有的人直到成年，都还是父母眼中那个争第一的孩子。直到他们有了家庭、有了孩子，才会出现一些抑郁的反应。抑郁使他们没有了创造力，使他们觉得生活没有意思。为了保持父母眼中的赞赏之光，孩子可能一直是紧张的、焦虑的。

有一次，我听到一个女孩说，她晚上睡觉都不能放松，因为好像要随时准备着起来复习，因为很想得第一。她的颈部后来甚至发生了一些器质性病变。一个更加放松的孩子，更能够发挥自己的创造力，他也更能觉得自己是重要的，活在这个世界上是有意义的。

回到我的例子，我在这个过程中的创造力，起初就是被高期待给湮没了。那个时候有一种很不真实的感觉，脑子里经常一片空白，什么都没有。我身边的朋友给我反馈：“你可以。”可是，我觉得我不可以。我的老板觉得我可以，我依然觉得我不可以。

当我把别人对我的赞赏变成一个不得不完成的、要让所有人都满意的任务时，我就开始厌恶这件事情了。这种感觉难以被理性层面上的事实说服，因为我太恐惧了。于是，我使出了各种方式拖延回避这件事情。直到有一天，我觉得再也无法忍受了，我就向老板摊牌：我不干了。

接下来的事情，就回到本节的开头了：武老师没有接我的话，还狠狠地支持了我。如果武老师直接说“好吧”，那这本书就不会出现了。

当我说“不”的时候，我开始找到我自己。当我被支持的时候，我在现实层面上确认了恐惧来自我内在的一些幻想，而当下的现实没有那么严苛，身边的人对我的期待也没有那么高。我的老板在这件事情上的态度让我很感激，他说：“跟随你的心，跟随你内在的节奏。”这是莫大的赞赏和信任。不得不说，我被疗愈了。

神奇的事情发生在第二天，我在早上醒来的时候，脑海中突然浮现《射雕英雄传》这部电视剧，灵感一下子就来了。这是我小时候最喜欢的电视剧。那一天，我就把大纲写完了。速度之快，我自己都难以置信。一周后的讨论会上，大纲被确定下来。我的团队反馈，这一版终于有了我的感觉，有我的灵魂在里面。

创造力要在一个被接纳的环境里才有可能发展得更好。严苛的批评、嫌弃，以及过高的期待都会使孩子陷入恐惧的黑暗里，他们不会觉得自己很好、很值得被爱。他们也不会觉得自己能创造什么东西，即便有一些创造，他们也会认为那是不好的、不值得被欣赏的。

当然，我不是说对孩子不要有什么期待，我说的是过高的期待。从孩子发展的角度来看，适度的期待会带给孩子一些方向感和确认感，过高的期待则会对孩子的成长产生破坏性的力量。

我们需要看见我们的孩子，他作为一个人存在于这个世界上，他可以有自己的想法、意志和情感。我们也需要看见自己，曾经我们是怎样在高期待中长大、怎样浸泡在焦虑的空间里、怎样让自己的创造力“沉没”的。只要你愿意觉察自己、愿意成长，你的内在就会变得越来越有力量。

分享小锦囊

锦囊一：觉知自己的关系模式。如果你容易对别人有高期待，那么你的亲密关系可能会受到一些影响，也许会有人想离开你。这个时候，可以尝试降低期待，给别人留在这段关系里的空间。如果你总是受到别人的高期待影响，那么你需要稳住自己的边界，尝试拒绝。

锦囊二：学习新的平衡。如果你对自己要求很苛刻，那么尝试接受自己的不完美。当你能这样做的时候，通常你对别人的要求也会降低，关系会变得柔软、有弹性。

锦囊三：可以尝试通过冥想、行走、做手工、画画等方式来缓解焦虑。有一个女孩缓解焦虑的方式就是剪纸，做这个让她很有成就感，让她很放松。

总结

（1）高期待的背后是恐惧自己不够完美。

（2）高期待带来的压力会阻碍创造力的发展。

（3）有一种高期待叫作“你不要拒绝我”，应对这种高期待，要做的事情就是学会拒绝。

（4）因为孩子本身的存在去赞赏一个孩子，对孩子的自尊发展很有帮助。

互动：远离低自尊

有一位朋友这样说道：“看到焦灼的婴儿和缺位的父母，便看到我抑郁的原因了。每做错一件小事，别人还没有批评，我就会找个地方大哭，一直期待着有人来看看我、来问问我、来哄哄我。可是没有。大家的看法就是别理她，她哭够了就不哭了。关于抑郁，虽然也找老师协助过，但是心底一直有个声音：要靠自己。所以，和老师接触时，我会有意识地控制自己，担心会对老师形成依赖，这种想法合适吗？”

我不会用合不合适来判断这个问题，因为不管合不合适，我们还是会做能做的。

这位朋友儿时的经历已经告诉了她：最亲近的人不会来关心她。她的心底有对他们绝望的部分，觉得他们靠不住，只能靠自己。靠自己有两种，一种是带着父母的爱，把他们对你的关照真正内化成自己的一部分，这样的自己是结实的、强大的；另一种是没有依靠，只能靠自己。这种靠自己的人，外在也会显出强大的样子，但是这个强大的背后有很多空虚和脆弱。这位朋友的"靠自己"属于后者。

她并没有完全绝望，找了老师帮助自己。但是，以前的经历会让她害怕：她曾经很信任父母，认为父母会来安抚她，但是他们没有。于是，她认为老师也会像父母那样对自己置之不理。她有意识地控制自己的节奏，这是在保护自己，也是为了避免深度信任关系。对她来说，信任与依赖是与被忽略连在一起的。一个启动，其他的都跟着动了。她的做法没有合不合适之分，只是背后有很多需要被理解的痛和恐惧。

想成长就要带着恐惧去尝试。过去的经历影响了我们对世界的看法，但那只是过去，不停地用过去的经历来应对当下的关系才是活在过去。只有去尝试，感受现在的关系里对方的样子，他给你的反馈、对你的关心，将我们的恐惧、愤怒表达出来，认知才会发生新的改变。幻想与现实的边界是在现实里不断被确认的。我的督导师曾经跟我说：

“你要跟你的来访者重复很多遍，可能在第十七遍，他才会相信你说的是真的。”这句话，我牢记在心：我们需要很多的现实反馈，才能改变一点点内在的顽固认知。

我们很多人都活在过去的痛苦里，那些体验到的焦虑既是现在的，也是过去的。我们重复过去的体验绝不仅仅是为了重复，而是要在重复中获取新的经验、新的成长，生发出新的变化。这才是重复的价值。

现在，这位朋友正在重复这种体验，她感到害怕。她应该跟她的老师——不知道是不是她的咨询师或治疗师——去交流。我认为专业的咨询师或者治疗师才能做这样深度的疗愈工作，如果只是单纯的老师和学生，我不认为会对她有深层的帮助。

> 一位朋友说：“我在微信里和朋友抱怨工作，也问朋友的近况。朋友没有回应我，我就会感到很恐惧，认为自己被朋友讨厌了，自己的抱怨让朋友厌烦了。我觉得自己失去了朋友，很难过。这种低自尊的分离焦虑很难受，如何才能走出来？”

这种情况首先要搞清楚的是，这些想法是幻想还是现实？我们现在需要确认幻想的真实性。朋友没有回复消息可能因为他正好在忙，也可能因为别的，“被朋友讨厌”也是“别的原因”之一。这位朋友被自己的幻想吓到了，一环接一环地上演苦情戏码，越想越恐惧，越恐惧越觉得这就是真的。

确认现实边界有一个好处，就是找到现实感。如果我们确认了朋友只是忘了回复消息，分离焦虑自然就会消失。如果朋友直接告诉我们，抱怨让他厌烦，我们就明白了这样的内容不适合对他表达。但这并不代表会失去朋友。实际上，如果能够把焦虑说出来，朋友间的关系通常会有变化，不会一直僵在幻想里。

至于低自尊，则要回到源头去处理：认为自己不值得，大概是由于多次被抛弃。提升自尊可以从一些小事情做起，如果能做到，这样是最好的。但是，很多低自尊的人很难欣赏自己，在关系里也就容易讨好别人，甚至会让周围的人生气。所以，伤害关系的一个重要因素是关系里有低自尊的人。我还是建议低自尊的人在专业的关系里寻找赞赏，因为专业关系中的咨询师是为你而存在的。如果咨询师做了一些让你不舒服的事情，你可以表达。只有这些情绪被表达出来了，被另一个人接住了，这部分焦虑才有可能被消化掉，你才能慢慢地放松下来。这是深层的疗愈。

而在非专业的关系里，这样的表达是有风险的，你会有很多对现实情境的考虑，深层的痛苦难以被修复。

有一位朋友提到了工作上的困惑，他说：“我的工作关系是大家长式的，领导希望了解每个员工工作和生活中的大小事情。但是，我是个不愿被束缚的人，我特别不喜欢这种被管理的方式。所以，我和领导之间一直有一种对立感。如果我服从了这种方式，我心里就会堆积情绪，以至于把情绪带入工作中作为一种反抗。但是，这样很容易让其他同事产生误会。我很想化解心中的情绪，更想解开因此制造出来的误会，让相处不那么别扭。”

这是一个典型的攻击性表达不出来、伤及无辜的事例。我认为这位朋友有特别好的觉知：他知道这些事情是怎么发生的，而且有想修复的愿望。

他最难忍受的不是领导这个人本身，而是对领导所代表的控制的愤怒。试想，如果这位朋友离开了这个单位，他其实对这个领导就没多大愤怒了，需要被处理的也就是对控制的愤怒。如果这个领导不是一个能安全表达的对象，那么这位朋友需要找其他的渠道表达潜藏已久的愤怒。这样，当他做事情的时候，愤怒和攻击就会少一点儿。和朋友谈一谈，去打拳击、看电影、打游戏都可以缓解愤怒，在做这些事情的过程中，也能够练习控制愤怒。

这位朋友的这种愤怒通常跟原生家庭对权威的愤怒有极大关联。

对过去的权威和对现在的权威的愤怒搅在一起，不容易分开。如果能明白领导只是在某个阶段扮演了他过去生活中的某个角色，也许他会更容易走出来。

要申明的一点是：领导不是父母，职场上的规则可以帮助我们更好地认同自己的职业角色。但是，什么事能做，什么事不能做，做到什么程度，这些是我们可以尝试向领导表达的界限。有些事情确实做不了，也可以直言。

伤害关系的另一个因素是敌意。对领导的愤怒会使这位朋友跟领导甚至跟同事讲话的时候都携带这种情感，别人能感觉得到，当然会不舒服，也会防御。这样，沟通的效果就会打折扣。

这些敌意处理起来不容易。如果以上建议的方式都做不到，那么我只能建议你去找个可靠的咨询师谈一谈。这可能不是方法层面的问题，而是模式层面的问题。

对于这位朋友说的想要解开误会，这个关键就在自己。如果真正做好了准备，我们就能够坦诚地表达歉意。大多数人在收到诚意后，会原谅这样的过失。就算有人不原谅，我们也做了能做的一切，自己攻击自己的部分就会减少。

攻击性之东邪西毒

这一节名为“攻击性之东邪西毒”，借用了金庸先生武侠小说中的角色。东邪西毒是《射雕英雄传》中相当有攻击性的两个角色——两个不好惹的角色。在小说中，他们名声在外，一般人不敢惹。他们不是浪得虚名，而是货真价实的。

可能很多人有过这样的幻想：要是我不好惹，那些想惹我的人在动手之前就要思量一番。说白了，就是我们自己要有力量。

我们需要识别一些具有攻击性的表达方式。所谓“知己知彼，百战不殆”，搞清楚对方是怎么出招的、目的是什么、在表达什么，这样我们就知道要怎么过招了。

主动攻击：
暴力引发的攻击性直接、主动，且带有摧毁性

越界是一种剥夺

越界是一种剥夺，这种剥夺不把别人当作一个独立的人来看待。

首先要说明，因为每个人的立场不同，所以主动和被动是一个相对的概念，它们甚至又紧密地联系在一起。比如，一个被父母入侵的孩子，长大后很可能会用同样的方式入侵他的孩子。他不是故意要去伤害自己的孩子，而是对自己的行为无法觉知——他们不知道这样会伤害孩子。

曾经有个女孩跟我说，从小到大，她房间的门是不能锁的。她开始以为这是正常的，但渐渐长大，她有了自己独立的思想，想要有自己的空间，于是她把门锁上了，但是门锁被撬开了。她把抽屉锁上

了，也被撬开了。有的父母撬开锁之后，还把日记本之类的偷偷放回去。这类父母至少还做了做样子，在心里觉得偷看了孩子的日记多少有一点儿不妥。而这个女孩的父母竟公然把抽屉里的东西直接放在显眼的位置上，把门锁亮闪闪地挂在锁扣上。

这对父母摆明了就是在说："我不会让你有私人空间，你的就是我的，你一切都得听我的；在我这里，没有你我之分，所以，我可以理所当然、理直气壮地撬开你的门锁和抽屉锁。而且，我还很生气：你为什么要上锁？你不知道你是我生的、我养的吗？"

我听到这个女孩的经历的时候，真的有一种恨不得晕过去的感觉。这种感觉很绝望：她的父母做得这么决绝、干脆、利落，连纠缠的空间都不给孩子。有的孩子还能从父母那里感受到一丝可以拯救、可以改变的机会，她的父母连个机会都不给她。

一个孩子作为一个人来到世间，不管父母愿不愿意，他都不可能跟父母想象中的完全一样，不应该任由父母剥夺。只有奴隶才会任由奴隶主剥夺，可父母不是奴隶主，孩子也不是奴隶。父母需要尊重这个界限：孩子小的时候，父母需要照顾他们，房间不上锁，是为了听到孩子的呼叫；待孩子渐渐长大，他们有了自己的主张，有了自己的小小心思，这个部分也需要被照顾到。很多没有适应孩子青春期变化的父母难以接受孩子的变化，他们还当现在的孩子是过去那个小婴儿。父母应当学着用对待一个长大的孩子的方式去尊重他们的空间、隐私和需要。

我跟这个姑娘谈的时候，发现她才不过二十岁的年纪，却有着三十岁的心智。她很小的时候就不得不面对残酷的现实：她的父母就是这样的，没有什么幻想可言。她的绝望很彻底、很坚决。她对自己的父母使用的方式是远离，想跑得远远的。她的父母曾经想方设法用各种诱惑让她留在身边，她都拒绝了。她说她不后悔，在那样的家里，她感觉自己一点儿生机都没有。

“不跟你亲近”，在亲密关系里其实是很大的攻击。孩子不是故意报复父母，而是一旦亲近，那种被剥夺感就会再度袭来，将他吞噬。这真的很可怕。孩子离开父母，是孩子保护自己的方式，但孩子离开不是父母想要的。所以，如果父母希望孩子将来能跟自己亲密，孩子未来有自己舒服的亲密关系，那么就需要觉察自己对孩子的方式，尽量减少这样的干涉。

这个姑娘她活下来就靠自己的“生能量”。在她那里，纠缠非常少，一旦一件事情的逻辑搞清楚了，她很快就能投入到实际行动中去。她的变化速度也让我惊讶。有一天，我们谈了找工作的事情，结果下一次见面的时候，她说那天晚上结束谈话后，她就拿到了一个新的职位邀请。她一路从三线城市打拼到一线城市，收入翻了好几倍。她相信力量在自己这里。没有那么多不切实际的幻想之后，反倒能活出自己的样子。

越界的方式，还包括一切事情由父母包办。当然，较多情况下是妈妈包办的。最常见的是：你只管学习，其他的事情由妈妈来做。这样做的代价是，孩子错失了一些学习基本生存常识的机会。孩子需要练习、需要犯错，才能学会照顾自己。有一位网友留言说，她在三十岁的时候，不得不学习怎样煮饭、怎么打扫卫生，这让她很崩溃，她觉得自己很笨、很蠢，连这样的小事情都做不好。她感到很羞耻，这严重打击了她的自信心。同时，她觉得自己离开了父母就活不下去。

父母本来有一个美好的愿望，想把孩子照顾得周到一点儿，却没想到孩子长大后要受这样的苦。我想很多父母可能不清楚，也不明白，他们的越界干涉虽然本意是想保护孩子，实际上却伤害了孩子。对孩子最好的保护，是在他该经历这些的时候，让他经历。孩子的成长不仅仅需要呵护，还需要锻炼的机会。他会从这些锻炼中获得力量。这个时候，父母需要做的是少干涉、少代办。但是，不是什么都不做，而是以开放的姿态，让孩子去经历。父母是孩子永远的后盾，给予孩子支持和理解。

有一位成功的女性在她的一次分享里提到，她第一次创业的时候，没有人投注资金。她妈妈不知道她要做什么，但是希望她能过得开心一点儿、轻松一点儿。于是，她妈妈把家里的房子做抵押，贷款投资给她。她妈妈给了她能给的最大支持。这样的例子也让我们感慨，很多时候，父母都是受不了自己的恐惧，把各种焦虑投在孩子身上。其实，这是父母自己要去面对的问题。孩子有孩子的节奏，父母要做的就是尽一切可能去支持他。

亲子关系中的越界是非常常见的，这也是为什么一谈界限，我们总是要谈到原生家庭的养育方式。这种方式不仅存在于原生家庭中，随着孩子长大，这段关系模式会复制到他们生活和工作的方方面面。

比如，在你恋爱的时候，是否会遇到总是替你做这做那的男朋友或者女朋友？在你上班的时候，是不是会遇到什么事情都要你做的上司？这些关系都很让人抓狂，足以使人们在恋爱的时候、工作的时候生气。基本的界限没有守住，总是被他人闯入，谁都会感到不舒服。

有一位姑娘曾经跟我讲，她的领导想一出是一出，随时有任务布置，不管是上班时间还是下班时间，甚至在深夜十一点还在布置任务。晚上加班干活，第二天多睡一会儿，没按点上班还要被领导训斥。这个姑娘实在受不了了，就跟她的领导说她真的受不了，再不睡觉就要晕过去了。她的领导好像这才反应过来，她也是个人，需要休息。

越界的人有一种至高无上的权力感，认为你必须服从于他。武志红老师精辟地总结了社交关系的权力规则和亲密关系的珍惜规则。他认为在工作关系为主的社交领域，遵从权力规则，即谁的领导权力大，最后的决定权在谁；在亲密关系的私人领域，遵从珍惜规则，即尊重彼此的本真。前者是“我与他”的关系，而后者是“我与你”的关系。

我很认同这个说法。在亲密关系里，父母过度使用了社交关系的权力规则，这显然是对亲密关系的攻击，会破坏亲密关系。这会导致孩子在关系中感到混乱，无法分辨什么时候该用权力规则，什么时候可以用珍惜规则。例子中的姑娘，在原生家庭里也是被父母用权力关系对待的。结果，她分不清亲密关系和社交关系的区别，在社交关系里也一味地忍让，最后近乎崩溃。

不管是社交规则还是珍惜规则，都有基本边界需要遵从，那就是作为一个人的基本边界。工作很重要，但工作有工作的界限，一天二十四小时待命的工作，怕是没有几个人可以接受的。如此高强度的工作，会带来攻击这个工作本身、攻击其他同事、攻击家里弱小的人等结果。

分享小锦囊

锦囊一：坚信自己的声音。如果你身边总是有各种人在越界，不管他们打着怎样为你好的旗号，问一问自己：是否想要这种关心、帮助，又或者是剥夺？如果你的答案是不想要，希望你能有勇气坚信自己的声音。

锦囊二：从长远的角度重新思考。如果你习惯性地越界，习惯帮助自己的孩子完成各种事情的话，建议你从长远的角度重新思考，你这样做的价值以及你是不是真正地帮到了他。

锦囊三：开放心态。如果你的父母是经常越界的人，那么我建议你降低对他们的预期。基本上，如果你的父母能够改变的话，早就改变了。你可以抱有一个开放的心态，父母能变化再好不过，他们变不了，你也不要卡死在一条道上，还有很多路可以走呢。

锦囊四：表达你的感受，亮出你的底线。比如，“妈妈，你这样做，我很难过”“我知道这个工作很重要，但是今天我真的做不了那么多”。之于剥夺者，被剥夺者其实放弃了自己的权利。你需要把那条界线清晰地画出来，让那个剥夺你的人没有机会伤害你。

锦囊五：离开。这也是最后的办法：实在搞不定，至少可以走，可以选择离开这段关系。前提是你重新思考了这个工作或这段关系对你的价值和影响。每个人的情况不一样，要结合自己的实际情况。

总结

（1）越界是一种剥夺，这种剥夺不把别人当作一个独立的人来看待。

（2）越界常见的形式有吞没和包办代替。如果父母希望孩子将来能跟自己亲密，孩子有自己舒服的亲密关系，那么就需要觉察自己对孩子的方式，少干涉、少代办。

（3）面对父母的越界，孩子要相信力量在自己这里，要有勇气坚信自己的声音，也要放弃对父母及他人不切实际的幻想。

（4）职场中的领导使用全天二十四小时待命工作制，是对下属很大的越界与剥夺。如果定出底线仍然得不到尊重，可以重新考虑这个工作对个人的价值。

暴力，一种破坏式表达

说到暴力，我的心情有点儿沉重。在我们的身边有太多暴力存在了。小到一个孩子踩死一只蜗牛，大到一颗导弹摧毁一座城市。自从这个世界有生物存在以来，暴力就没有消失过。也许，它永远不会消失。

暴力引发的攻击性，直接、主动，且带有摧毁性。

注意，使用暴力和使用武力并不是一个概念。它们都是一种力量，但动机不同。可以说，暴力中会使用武力，它是一种不平等的、带有强迫性的力量，而武力只是一种方式，它不带有强烈的感情色彩，也不存在平等与不平等。使用暴力者除了擅长使用武力，还擅长使用言语，比如用很难听的话辱骂他人。言语暴力在我们的身边非常常见，同样会让人感到被羞辱，造成低自尊。

人们使用暴力是因为他需要别人服从于他。而且，这种服从没有商量的余地，使用暴力者不考虑对方是一个有情感的人，而将之视作物体。使用暴力的一方，会获得很大程度上的力量感，甚至是优越感，而暴力会摧毁被施暴者的意志，让他恐惧，从而被迫屈服。暴力带来的不尊重使被暴力对待的人有羞耻的感觉，羞耻会激起更多的暴力。

容易对他人暴力相向的人，大多有被虐待的过去，这些过去非常惨痛。有一个女孩跟我讲过，她小时候目睹她爸爸打她姐姐的经历。爸爸把姐姐打得跪下，甚至绑在树上打。年幼的她很难理解爸爸为什么要用这样的方式来对待姐姐，她不敢出声。爸爸打姐姐的时候，并不避讳她。她因此变得格外乖巧，甚至可以说是讨巧。她跟我讲这些的时候，眼中满是惊恐和止不住的泪水。她说她很想冲过去救姐姐，结果她看到妈妈去救，爸爸连妈妈一起打。

这真的是非常可怕的经历。见证暴力比亲历暴力可能更加可怕。这个姑娘心里最本能的解释是：我不能像姐姐那样，否则我会被打死。所以，她从来不敢暴露出自己任性的一面。她就这样长大，进入婚姻的时候，也习惯服从于她的丈夫，甚至是她的公公婆婆。一家人看起来很和谐，直到她生了孩子。她对孩子的哭闹相当没有忍耐力，并且曾经数次打孩子。她说在心情极度暴躁的时候，打孩子根本没有感觉，但过后很内疚。

打孩子时候的麻木分明是一种防御状态：她的内心已经到了崩溃的边缘，又或者说已经崩溃；她保不住自己，自然顾不得身边的人，哪怕是自己的孩子。

我努力想向大家呈现的是：我们生活中的暴力，更多的时候源于我们自己。这些暴力的背后曾经是极为可怕的伤害，更重要的是，没有人为这种伤害去做一点儿什么。很多暴力的父母，并不会意识到自己的做法对孩子来说意味着什么，他们觉得一切都很正常。

“棍棒底下出孝子”，这句俗语打出了一批批外表彪悍、内心残缺的后代。很多人在棍棒下长大，尝到了棍棒的滋味，也选择认同棍棒，变得跟握住棍棒的人一样有攻击性。心理学上有一种防御，叫作向攻击者认同，讲的就是当一个人很恐惧的时候，会选择认同强者，变成和他一样的人，以获得暂时的安全。

暴力引发恐惧，而理解这些恐惧，可以帮助我们理解这些暴力的幻想，以及暴力现实。

暴力与压抑有关联。暴力行为中的很多人，平时可能比较平易近人、温和有礼。但是，温和的背后，可能积聚了很多愤怒、恐惧和哀伤的情绪，因为不能也不敢表达，这些情绪一直被压抑、不能被消化，最后像火山爆发一样变成破坏性的暴力表达。

暴力跟模仿有关。孩子会被父母的行为潜移默化地影响。我遇到过这样一件事：我在小区里带孩子玩耍，一个小男孩很突然地冲过来，试图打我的孩子的头，还好被我制止了。我的孩子跟他没有任何冲突，这真的很莫名其妙。我问他："你为什么要这样做？"他说："我不会打，只是看一下对方的反应。如果真的想打一个人，我会重重地打，打到对方出血。"我感到脊背发凉，问他："你爸爸是做什么工作的？"他骄傲地说："我爸爸是拳击教练。"

孩子一直在学习父母的言行，父母暴力，孩子也会倾向于暴力。孩子怎么知道打人就要打出血？并且，这个孩子很没有边界感，他想用打人的行为试探跟他没有任何瓜葛的人的反应，这说明了他认为这个世界的一切都是为他存在的。

有很多人和暴力关系相伴一生，这上演的是施虐与受虐的戏码。施虐与受虐双方使用了一种特别的方式，发生了痛苦的连接，但有连接好过没有连接。施暴者在这段关系里得到的是神仙一样的快感，他们用武力迫使对方屈服。施虐与受虐的位置并不是固定的，施虐者在关系里同时也可能是受虐者。他们因为早年的依恋关系受损、断裂，上瘾式强迫性重复。关系中交织着爱与恨的矛盾情感、生与死的强烈体验、依赖与控制的痛苦配对，这些构建了贬低的内在自我和他人印象。为什么受虐者会那么卑微也就很好理解了。

许多施暴者，内心对于控制不住的施暴行为深感痛苦、内疚。但要注意的是，有一类人对于施暴没有内疚和情感，他们是具有反社会人格的人。反社会人格也称为无情型人格，其特征是具有高度攻击性，缺乏羞愧感，不能从经历中吸取经验教训，行为受偶然动机驱使，社会适应不良，等等。他们用暴力伤害了别人，却没有任何感觉，也不会从行为中进行反思。遇到这样的人，最重要的原则就是：不要纠缠，尽快远离。

暴力行为还有一种是冷暴力。比如，恋爱中的两个人有冲突了，双方冷眼相待。这属于彼此冷暴力。还有单方面的冷暴力，比如关系里的双方因为一些事情，一方明显冷淡，而另一方想继续这段关系。对后者来说，这种感觉是很难受的，冷暴力直接切断了关系，让他仿佛置身于冰冷、绝望的深渊。有一些人会受不了这种“惩罚”，以讨好缓和关系，而这样他们会感到进一步的自尊被贬低。

我有一位朋友，小时候总是被妈妈冷暴力。跟妈妈吵架了，妈妈就半个月不理她。后来在亲密关系里，她也是吵架了就不理对方。好在她遇到的男生都不错，后来的丈夫更是疗愈了她。方法并不难：她生气的时候，她的先生照样该喊她吃饭就喊，遇到她喜欢的东西照样买给她，只要她喊一声，他一定会回应，等等。她冷暴力的时间由原来的两周缩短到一周，再慢慢到一天，现在变成了一小会儿。这已经不再是冷暴力了，只是正常的生气。遇上好的另一半，成长是会加速的，另一半可以帮助疗愈。

分享小锦囊

锦囊一：对自己的关系保持觉察。你是一个在关系里有暴力倾向的人吗？你是那个被暴力对待的人吗？如果是，那么向内看自己的成长和经历，去理解自己，不要太苛责自己。

锦囊二：在行为层面上，给自己一些约束。当你意识到你将使用暴力时，可以用“延迟法”，即将你抡起拳头的行为推迟到一分钟后，逐渐延长这段推迟时间。这样做是为了协助你控制那种激烈的情绪。

锦囊三：用自己的力量保护自己。假如你被暴力对待，你要做的第一件事就是不再允许施暴者这样对你。每个人的接受程度不同，可以根据自己的状况设置不同的底线，在此基础之上，要有反击的力量。记住，对于伤害你的人，仁慈只会让你变得更容易被伤害。给自己留一些空间，学会巧妙地，甚至是本能地还击对方。有人对你暴力相向，你要清楚，对方没有权力这样对待你，你保护自己的正当权益是理所应当的。

锦囊四：反思。这是非常重要的。关系出了问题，关系中的每个人都有责任。别人的责任是他要去面对的，你的责任需要自己去面对。反思看看，你做了什么使别人这样对待你？

锦囊五：离开。如果你在关系里尽了全力，对方还是一如既往地忽视你、不待见你，甚至对你拳打脚踢，那么你可以离开这段关系。离开的前提是你的内在更强大了，所以不断成长才是真正的良药。

总结

（1）暴力引发的攻击性，直接、主动，且带有摧毁性。暴力有武力暴力、言语暴力，还有冷暴力。核心都是一样的，即让一个人服从于另一个人的个人意志。

（2）容易对他人暴力相向的人，大多有被虐待的过去。

（3）暴力与压抑的情绪有关，并且会从模仿中习得。

（4）施虐与受虐双方使用了一种特别的方式，发生了痛苦的连接，但有连接好过没有连接。许多施暴者对控制不住的施暴行为深感痛苦、内疚。

（5）没有人有权力对你施暴。

指责，拿走你的核心自我

指责是个主动攻击的维度。在关系里，指责是一种破坏性力量，是在用伤害性的方式攻击对方。

被指责的一方，会感觉到沮丧、委屈、愤怒、脆弱，以及被贬低，瞬间变得很渺小、很虚弱，并且容易把指责者看得很高大、很权威、很有力量。这种感觉出现的时候，就是核心自我被拿走的时候。

什么是核心自我？一个人“自我”的能力，能使个人对自我形象形成比较稳定的概念，即核心自我。核心自我的内容决定着个人在社会中的价值观念和行为路线。

我觉得这个概念有一点儿拗口、复杂，简单一点儿来说，核心自我就是你怎么看待某一件事情、怎么看待自己、怎么看待他人、怎么看待这个世界。一般人对这些是有基本稳定的认识的。这个概念类似于心理学上对于一个人人格的基本看法。

那么，为什么指责会拿走另一个人的核心自我呢？

指责里含有大量的否定。有一位网友分享了她的经历。她和丈夫、孩子到海边旅行，路途辛苦。在码头等船的时候，一家人都非常疲惫，可队伍迟迟不动。于是，她的丈夫对她说：“你看你安排的什么旅行？这是一个什么破码头！等了这么久都不挪一下。”她觉得很委屈。她之前做了各种攻略，只是没有想到今天等船的人会那么多。本来这件事两个人互相支持一下、理解一下就可以过去了，结果她丈夫的一席话，让她感觉自己做了一件错事。那一瞬间，她对这个世界的一些看法好像都动摇了：她做的一切事情，不仅没有得到基本的尊重，还被否定了。这位网友说，她回来后，很长时间都不想再次安排旅行的事情。

指责中含有大量的贬低。比如，一个刚刚来到工作岗位的小姑娘尽心尽力地工作，却被上司责骂工作做得太差了。上司丝毫不顾及她的尊严，几乎可以称得上是羞辱。这样有必要吗？刚入职的员工做得不够好，告诉她哪里做得不够好，希望她在细节部分怎么做就可以了，没有必要用这种方式去贬低别人。上司这样做，仿佛他的自尊不是通过能力来实现的，而是通过贬低他人来实现的。

指责型的人眼中到处都是不完美，在他们那里，永远有一件事情可以做，那就是挑剔别人。世界不完美，别人不完美，工作不完美……一切都不完美。他们指责别人的时候，永远暗含着一种幻想：如果你足够好，我的完美期待就实现了；因为你不够好，所以你要为此负责任。他们最常见的口头禅是："你看你做成什么样子了？！你知道你有多糟糕吗？"

指责的人永远站在道德的制高点，他们认为自己有权力指点别人的人生。在指责他人的时候，他们有一种颐指气使的嚣张感和优越感，就好像他们是天神，可以任意用语言侵犯别人、不尊重别人。他们很善用所谓的“道德和责任”，并把它当作攻击别人的武器，就仿佛他们是道德楷模。他们总是表现得自己很正确，理直气壮地打压别人。这当然令被指责的人很不爽，有谁是绝对正确的呢？又有谁是完美的呢？

一个常指责他人的人，其实是一个很苛刻的人，既对自己苛刻，也对身边的人苛刻。他们不允许别人犯错的时候，其实也是不能接受自己犯错；他们指责别人的时候，内心也有一个声音在指责自己。这样看来，指责者其实是一个“可怜人”。

在临床工作中，我看到了很多孩子是如何从对世界满心好奇，到失去信心、充满敌意的。

一位来访者分享了他的经历。他爸爸对身边的一切都很挑剔。他很“懂事”，从小就是一个小大人，总是想为爸爸妈妈做很多事情，讨他们的欢心。有一次，上小学的他把家门口的一段坑坑洼洼的路用石板铺平了，他很开心，去跟爸爸说。爸爸却皱着眉说：“你看你弄得这么丑！”他说他听到这句话的那一刻心都凉了。我听到这个故事的时候，感到仿佛被一记重锤锤击了胸口，钝钝地疼。

这位来访者长大后也变成了这样的人，指责就是他跟别人建立关系的方式。有一次，他和朋友一起出行。前面有一摊水，朋友提醒他小心，他立刻愤怒了，说：“你是认为我蠢吗？我看不见吗？”还有一次，一个同事刚拖了洗手间的地板，地是湿的，另一个同事想去洗手间时，这个拖地的同事赶紧提醒说小心地滑。他听到后，露出了嘲笑的神情，说："你是觉得别人都是傻的吗，他们自己不会看吗？"

我听了很心痛，也更加明白，他以前遭受过怎样的虐待，才会这样与人说话。在指责中长大的孩子，极其敏感，就像一只小刺猬，他们随时都在担心这个世界是不是有什么危险，然后自己立即就可以蜷成一团，用身上的刺保护自己，也扎伤别人。他们逐渐地，也成功地变成了他们父母的样子，成了指责他人的人。

经常指责别人的人不容易有交情很深的朋友，因为一旦进入深度亲密关系，他们的边界就消失了，就会忍不住去指责别人。他们对这个世界的苛刻是印在骨子里的，跟他们在一起的人会多少感觉到压力和不自在，担心会被指责。指责使这个世界变得寒冷，被指责者作为一个人本身，没有被看见和接受。

人在内在世界不断构建的过程中逐渐形成了对世界的看法。指责成了这个过程中的破坏性力量，摧毁了一些构建。即便是一个已经成年、已经有了基本稳定的社会认知、核心自我的人，也会在巨大的破坏力之下受到影响。

对于一些核心自我不稳定的人来说，指责，尤其是反复出现的指责，拿走他们的核心自我是轻而易举的事，就像一棵树根不牢的树，狂风一来，它就倒了。

被指责后引起的内心巨大的反应，可能是由于这个被指责者的内心也觉得自己不够好。这是心理学上的一个防御机制，叫投射认同：一个人指责你不好，你正好认同，你就是真的不好了，然后你会对指责者也很愤怒。

还有的人是别人并没有说什么过分的话，但是他会认为自己被指责了。这一类敏感者会不断地在人群中寻找这些“熟悉的味道”，并且因为过于敏感和充满敌意，经常让周围的人不愿意靠近他们。

解决这类问题的关键是：你是不是真的那么不好？这是一个关于认同的问题。我们很多人都觉得自己不够好、不值得被爱、不值得被珍惜、不值得被重视，这直接导致一个核心认同：我不够好。

你是好或者不好，到底是什么决定的呢？是别人的语言吗？别人的看法吗？还是别人的认知？有时候，我们回过头来看一看，可能会有些不一样，甚至可能还会觉得有些荒诞。每个人说的都是他对世界的看法、他眼中世界的样子，你只不过是在某一个瞬间，跟他人内在世界的一部分有了一个小小的重合。但那并不是真正的你，那是他们眼中的你。你在这个人眼中是这样的，在那个人眼中又是那样的。

找到你自己的核心自我，需要稳稳地跟自己在一起，不轻易被别人的几句话影响。你是你自己，独一无二的自己。就算你不完美、有缺陷，你也是独特的生命。你是你自己，不要让任何人定义你。

当你越来越有力量的时候，你会为自己高兴。这样当别人指责你时，你就不会那么轻易受伤了。你的心情好了，自然也不会对自己、对身边的人那么苛刻了，能享受生命更加丰富的状态。这样，你的攻击性更多的是往创造力的一面发展，而不是往破坏力的一面发展。

分享小锦囊

锦囊一：不认同攻击。面对指责型的人最重要的是记住你是你自己，你不是他口中说的那个“别人”。我知道这并不容易，这需要很多练习，也需要很多觉察。一旦发现自己陷入那种“我很不好”的旋涡，就要立刻提醒自己，回到岸边来。

锦囊二：做身体的内观。当你感觉被很多情绪缠绕时，要提醒自己回到身体的感觉里来：觉察自己的呼吸，注意身边的一些物件，等等。这是个帮助你不断回到当下现实的方法。

锦囊三：允许自己的攻击性存在。当你感觉很憋屈的时候，可以用很多种方式宣泄掉，最常用的就是回击。你给对方的反馈，哪怕是很激烈的，也会让对方明白这样对你是不行的。如果你能够用语言表达，也可以跟对方说：“我非常生气，非常难过。”这是让对方把你看作一个人的方式之一。

锦囊四：对自己宽容一些。理解自己曾经的苦难有助于帮助接纳不完美的自己。

总结

（1）在关系里，指责是一种破坏性力量，是在用一种伤害性的方式攻击对方。

（2）指责是对一个人价值的否定和贬低。

（3）指责带有非常多的挑剔。这些挑剔来源于原生家庭。

（4）指责的人建立关系有困难，这会使他们陷入孤独。他们很难进入很亲密的关系。

（5）遇到指责型的人，不认同是最有力量的方式。

互动：不要幻想父母会改变

有位朋友留言说：“我是已婚人士，结婚两年来，虽然没和公婆住在一起，但总被老人打扰，他们总是不厌其烦地以爱和帮助的名义干涉我和丈夫的生活。因此，我们时常发生冲突。您所传授的锦囊里有很多方法都不适用于这段关系。首先，这段关系很难彻底断掉；其次，有些事情即使我表明态度，他们既不理解也不听，比如要二胎这件事；最后，我说了一些保持距离的话后，他们还是不肯远离，并且斥责我和丈夫不孝。所以，我现在一想到他们就很烦心，一想到他们要靠近我的生活，我就很紧张、很不舒服。我想这应该也是令很多已婚女士十分困扰的问题。”

我先来说一个小例子。我的一位来访者对我很生气，但是她不表达。我们谈到原因的时候，她很幽怨地说：“说了有什么用，这件事情的结果又不会发生改变，你也不会有改变。”这话带有一种无力感和绝望感，翻译过来就是：我无法用我的影响使你发生改变，所以我不说。

这里面暗含了一个条件：我说的前提是你要发生改变。

大家看到这个逻辑了吗？你能改变，事情能够变成我想要的样子，我说出来才有价值和意义；如果你不能改变，我说出来就没有意义、没有价值了。这大概是很多人不说出来的重要原因之一。

在这位朋友的留言里，我也看到了相同的东西。我们一说，对方就会按照我们的需要改变，这个逻辑是不是很熟悉？是的，我在前文中多次提到的全能自恋就是这种感觉。这种感觉很真实，也非常值得尊重，但正是这种感觉让已是成年人的我们陷入困境。这个困境的背后，是心理边界的混淆不清。

我们的想法没有被满足，所以会感觉到自恋挫败。通常在这个时候，我们都非常希望世界给予积极、精准的回应，这样自恋挫败的痛苦就可以被安抚。也可以说这个时刻，成年人变成了一个小孩子，处在一个委屈的境地，希望对方能够满足自己的要求。

每个成年人都或多或少有这样的时刻，感觉到小孩子的绝望与无助。心理学上把这个叫作退行时刻。但是，我们只能够把它当作一个小小的插曲，而不能当作主旋律。为什么呢？因为只有婴儿才有那样肆无忌惮的权力，要求这个世界为他服务。这是一个残酷的事实：你不再是婴儿。此时，以婴儿的无边界需求去要求世界，当然会受挫。

如果孩子一说，父母就能够看到、理解到，那这个世界太美妙了。成长根本不需要这么艰难，因为父母在给我们助力。但问题是，父母不是幻想中的父母。跟糟糕的父母较劲儿，试图把他们幻化成理想父母，这又是一个边界不清。

我们容易陷入这种幻想里，幻想父母会改变，也幻想我们有那个能力让他们改变，还幻想我们发出自己的声音，他们就能够理解。幻想帮助我们缓解痛苦，也使我们在旋涡里陷得更深。分清这个边界，我们发出自己的声音是自己的事，是为自己负责任，他们怎么回应是他们的事，不是我们能够决定的。若是缠绕在一起，就变成了这是我们和父母共同的事，当父母没有按照我们的设想改变时，痛苦就来了。

如果我们一直陷在父母能够改变的幻想里，结果就是："我很痛苦，他为什么是这个样子呢？他为什么不尊重我呢？他为什么就是看不见我呢？我很生气，我不想理他，希望他消失。"显然，这种方式对关系极具摧毁性。

如果我们愿意睁开眼睛去看一下现实：他们仍然不尊重我们的界限，我们会感到生气，同时我们是为自己的感觉负责任的人，可以让自己生气。我们应该尝试不再试图改变父母，这样会有更多的时间和精力建设自己。这就是我们可以在边界之内为自己做的事情。

又如，这位朋友的公婆要求她生二胎。是改变他们，让他们不要有这个想法容易，还是她面对这个想法带来的压力，积极想一些办法解决容易？

我的两位朋友处理这个问题的方式很有力量，同时也显得非常有攻击性。一位朋友面对公婆的“二胎高压”，就一句话：“想都不要想。”注意，她不是要改变公婆让他们不去想，而是非常直接、坚定地摆明自己的态度：我不生。另一位朋友的态度是：要生可以，请直接给我的银行账号汇入五百万元。到账后，马上准备生孩子。公婆没这么多钱，但是念头还是不断。最近，我们聊到这件事情，她说：“那是前几年，后来他们不死心又催，我就跟他们说：‘可以，现在物价涨了，要想生二胎，请汇入一千万元。到账后马上行动。’”现在，公婆不催了。

如果我这两位朋友都陷入父母为什么是这样的幻想里，她们是没有力气、没有空间来反应的。我听这两位朋友分享的时候，能感觉到那种骄傲的生命力。她们很清楚自己的价值，也很清楚这是自己的事情，这就是为自己负责任。她们很清楚自己在什么样的情况下愿意做或者不愿意做什么事情。

在关系中，我们想改变他人的时候，他人也在想着改变我们。能改变，或者幻想着改变，这个“游戏”就越玩越有劲儿。但是，你摆明你的态度、坚持你的立场，时间久了，对方知道改变不了你，这个游戏就不用再玩下去了。

要做到这一点的前提是：你得接受得了自己“够坏”。简言之，当你拒绝的时候，不要苛责自己，觉得自己做了多么大逆不道的事情。你无非就是表达了一下自己的意见，维护了自己的边界，这再正常不过了。我们觉得很难受，是因为力量不够强大。当有力量维护自己的利益时，他人的影响自然就变弱了。说得再直接一点儿，如果我们能够主动出击、主动说“不”，就能拿回力量感。

这位朋友说的和公婆的关系很难断掉，的确如此。我们跟父母总是有千丝万缕的联系。在我的经验里，如果真的跟父母恩断义绝，对孩子来说并不是一件很舒服的事情。那种内疚、自责，甚至背叛感，同样会折磨孩子。其实很多孩子想要的无非是在自由和束缚之间找平衡点，既不希望跟父母的关系完全断裂，又不希望自己的生活被过度打扰。

对于明智型的父母，很简单，说一下就可以了；对于像狂风一样扑过来的父母，那么需要找一找自己在哪个位置最舒服。不带敌意地表达自己的意见非常重要，而且不要指望说一次，他们就能退回去。

我们需要不断地表达，捍卫边界。如果可以使用另一半的资源，那是最好的。在我家，我和丈夫是有分工的：我父母那边的事情我负责，他父母那边的事情他负责。当我们感觉到边界受侵扰时，先跟对方沟通，然后看看是哪里的问题，再去做父母的工作。我觉得这样做的时候，至少减轻了两重敌意：对丈夫的敌意和对公婆的敌意。在明确分工之下，维护边界变得更加简单、有效。

> 一位朋友留言说："我是一个从童年开始就学会隐藏自己攻击性的老好人，总是怕别人不开心。父母认为我听话又懂事。现在，我的孩子正处于青春期，我意识到不能让孩子像我小时候那样总是察言观色、忍气吞声，于是静静等待他成长，没有过分干涉。但是，孩子的姥姥姥爷觉得他这样子简直令人无法容忍，因为我小时候是那么懂事。而我又不能跟他们说我的懂事是因为我迁就了他们。我相信我对孩子教育的大方向没错，但夹在两代人中间很难受。有时也很愤怒：你们干吗都冲着我来？！我该向谁表达我的愤怒呢？"

这段话让我感觉到这位朋友对孩子、对父母都很愤怒。她对孩子愤怒是因为忌妒：孩子有她这样的妈妈护着、宠着，他是自由的，她当年却非常压抑。她对父母的愤怒是因为怨恨：她小时候就已经对他们很愤怒了，因为他们要求她迁就他们；愤怒久了，就变成了怨恨。原谅我说得太过直白。当她不想再迁就他们，想按照自己的方式养孩子时，他们却还是要求她规范孩子，这样他们才能安心。这当然让人很愤怒。

这位朋友最需要做的事情是：坚定界限。不妄图去改变父母，她只需要告诉他们："我的孩子，我有权决定。"

另外，向谁表达自己的愤怒，这是一个很好的问题，我认为这取决于表达的对象。

有一次，我的一位很好的女性朋友跟我说，感谢我愿意帮助她，但是我给她的建议让她感觉到委屈。听她这样说，我立刻反思：我的愿望是很美好的，但是可能那样的方式不合适。于是，我反馈给她："我知道了，这样的方式对你没有帮助。"只是简单的一句话，我的朋友立刻觉得她表达的攻击性被我接住了，对我们之间的关系更有信心了。而我也觉得这样的表达增进了我们之间的连接，关系更加亲近了。

在表达这一互动里，如果表达的对象是一个让我们感觉到很安全的人，表达的攻击性会被接住和转化。我对于我的那位朋友来说就是这样，如果我们觉得对方不是能够让我们感觉到安全的人，我们表达的时候可能会非常抑制——就算是想表达，可能也说不出来。这位朋友的父母，看起来就不是让她感觉到特别安全的人。

被动攻击：
对生命最大的辜负，是这辈子你没有活出自我

过度依赖，不决定，就不负责吗?

在我们的生活中，被动攻击是非常常见的。比如，过度依赖。

为什么过度依赖是一种被动攻击呢?

过度依赖即超过了一个基本可以接受的依赖限度。我们每一个人在社会上生存，对世界、对环境、对其他人都有着不同程度的依赖，我们也需要这种依赖。依赖与被依赖在达到某种程度的平衡时，有一种非常美妙的和谐感。不是所有的依赖都是过度依赖，而一旦超越了这个限度，便会对人产生威胁感，攻击性就出来相互比拼了。

大家可以想象这个画面：一个四肢健全的人不自己走路，而是把整个重量都放在另外一个人身上，后者会是什么感觉?

我还记得我的一位朋友结婚时的情景。进婚房时，她的丈夫抱起她，从一楼爬到了六楼。我问他们，这个过程幸福吗？我朋友的丈夫说："开始我很开心、很幸福，可是上楼越来越累的时候，我只觉得她太沉了。最后，我是像扛麻袋一样把她扛上来的，迫不及待地想快一点儿到达房间放下她。"我的朋友说："开始还觉得幸福，终于等到这一天，可是后来他抱不动我了。他把我扛起来的时候，我感到特别狼狈。挺可怕的一种感觉，我甚至担心他会不会把我直接扔在地上，我感觉他累得身体都在打战。"

我举这个例子是想说明：当一个人把自己的全部重量都放在另外一个人身上的时候，另一个人是相当辛苦的。在这份疲惫与无助之下，浓烈的爱意也会无影无踪。而将重量交托出去的人，其实有很多的不确定、恐惧和焦虑。在短暂的美好之后，感觉变得不舒服了。

在我们的生活里，有很多这样的过度依赖者，他们就像藤蔓缠绕在被依赖者身上。依赖者传递的信息是：没有你，我就活不下去；你离开了，我就死了。依赖者并不主动为自己的欲求做出任何直接的行动，而是通过要求被依赖者来实现愿望。依赖者一般不会像主动攻击者那样刀光剑影地出手，而是用他的无助让被依赖者不忍心拒绝，用他的付出、牺牲加重被依赖者的内疚。依赖者瞄准的对象一般是典型的老好人，因为老好人不擅长拒绝。

最初的时候，因为可以帮助依赖者解决问题、缓解无助感，被依赖者会觉得自己的自恋得到了充分的满足和展现。其内在的声音是："你看，我多厉害，我又帮他解决了一个问题。"但时间久了、次数多了，依赖者甚至"长"在被依赖者身上了，被依赖者会渐渐体会到，有很多要求是自己满足不了的。这个时候，他们就像我上面讲到的抱新娘子的新郎一样，会感到疲惫、感到很愤怒。

这种愤怒，既有对自己无能为力的愤怒，也有对"你为什么要提出这样的要求"的愤怒。但是作为老好人，难以表达拒绝是常态。他们不能够变成"坏人"来维护边界，比较有力量的会变成"飞人"逃走。不能逃走，又常年忍受的老好人，多年愤怒无从宣泄，最后会指向自己，引发抑郁。

非常典型的过度依赖者就是"跟随妈妈"，即无论孩子走到哪里，都会跟着照顾的妈妈。跟随妈妈缺乏界限，把孩子的一切当作自己的一切，也要求孩子承接她的一切，最常见的要求是为她负责。她心情不好了，孩子要哄，不哄便一哭二闹三上吊。这绝对不是夸张，我是真的见识过这样的妈妈。她会使出浑身解数：指责，谩骂，奚落，贬低……简言之，你满足我，我就让你有好日子过；你不满足我，你就要受到道德谴责，就要受到惩罚。

依赖者从来不独立存在，他们将自己匮乏、干瘪的灵魂寄生在另一个人的生命里。他们没有勇气面对自己生命的惨淡，永远在被依赖者那里寻找辉煌的灯光。因为主体性的缺失，他们会非常焦虑和恐惧，并且难以抑制地想伸出自己的手去抓住另外一个人，渴望在这个人身上找到存在的感觉。这种无意识层面的抓取，就像一只无形的手，会让被依赖者感到窒息。依赖不同于主动攻击，它是温水煮青蛙，一点一点地攻陷被依赖者的防线。

那种内心的空虚感长年累月地存在于依赖者的生命里，但是依赖者不会轻易让这种感觉浮现，因为一旦没有了被依赖者，孤独就会将依赖者内心的渴望击得粉碎。这种孤独感正是关系的断裂感和被抛弃感，这些感觉让人难以忍受，所以依赖者要去防御，而找一个人依赖似乎是最好的选择。

其实，依赖者内心常有一种很深的羞耻感，那是对自己不够强大的无能为力。

有一位朋友给我分享了她的故事。她是一位全职妈妈，从丈夫那里支取吃穿用度的费用。当她想买一个昂贵的手包，却没有余钱可以支配的时候，她就会感到无助，也对丈夫为什么不多给她一些钱、对自己为什么要选择留在家里照顾孩子感到生气，对自己的需求感到很羞耻。因为钱不够花，就责备，甚至憎恨自己的愿望，这是非常常见的。

一个人如果能够生出这样的感觉，说明他在反思，并体验着个体的分离。但是对绝对依赖者而言，反思是奢侈的。他们从来都不愿意明白：除了自己，还有其他人。他们只觉得自己依靠着的这个人，就是自己的一部分，他们从来不想分开。

在依赖者和被依赖者之间，没有空间去存放思考、体验。这也是很多被依赖者感到痛苦的原因之一，他们需要花很大的力气忍受道德的谴责，才能在依赖者和自己之间拉开一点儿距离。

孤儿寡母最容易出现这样的问题。妈妈将所有心力放在孩子这里，不再婚，孩子就是她的全部。孩子长大了成家之后，妈妈因为依赖的孩子离开了，就无法活下去。这使孩子非常内疚。很多孩子结婚后和妈妈一起生活，妈妈跟家中的另一半往往相处不好。因为家庭系统的动力变了：妈妈不退位，时刻关注孩子的一举一动，眼里仍然除了孩子，别无他人，另一半就没有位置了。另一半当然要跟妈妈较真儿，于是引发“家庭大战”。

过度依赖没有独立性可言，也没有边界可言。他们基本上不为自己做什么决定，他们做的最重要的决定就是选择一个可以为他们做决定、负责的人，这是非常典型的将自己的愿望寄托在他人身上的行为。这其实非常冒险，因为一旦对方不再对依赖者负责任，不继续和依赖者玩这种游戏，依赖者就失去了营养供给。这个时候，他们就被迫为自己负责、为自己的选择负责了。

分享小锦囊

锦囊一：表达界限。对于过度依赖者，指望他们来反思，是很难的。被依赖者需要做的是表达界限，但是要注意方式。过于突然、剧烈的分离带来的疼痛会让依赖者疯狂攻击。可以从小事做起，多次坚决、温和的表达会起到一定的作用。

锦囊二：面对自己的“坏”。依赖者最擅长的武器，就是让被依赖者觉得自己不够好。你要做的事情，就是不要中招，“偏其道而行之”，绕开他的攻击。他说你不好，不代表你不好。只要你觉得自己好，谁也伤不了你。

锦囊三：成长为独立的人。不管是依赖者还是被依赖者，都需要健全骨架，让它能够支撑自我；需要学习更多的知识，增加自己的体验，锻炼自己的人格强度，让自己变得强大起来。

锦囊四：试着从依赖关系里出来。依赖者要尝试为自己负责。依赖者会陷入那种“离开你，我就活不了”的幻想里，但实际上要在现实里确认这一点。一旦有了能活下去的体验，依赖者对现实就不会那么惧怕了。

总结

（1）过度依赖是一种被动攻击。依赖者会用自己的脆弱让他人内疚，不忍心拒绝。

（2）过度依赖是让被依赖者为依赖者的一切负责任。

（3）过度依赖没有独立性可言，也没有边界可言。依赖者不做决定，但是仍然不得不为自己的人生负责。

（4）过度依赖在一个更深的层面上，是在防御孤独和羞耻感。

拖延，你的行动出卖了你

首先，我们来分析一下，拖延是怎样在关系里发挥作用，被动攻击对方、攻击自己的。

和过度依赖类似，拖延者刀不出鞘，就能让他人“内伤”。有些时候，被伤者会非常愤怒。

拖延者的武器有“三个迟”，即迟回应、迟行动、迟拒绝。试想，一个部门的几个同事合作一个项目，大家经常一起商量工作事宜，这里面就涉及大量的沟通。要是在正常情况下，有一个人半天都不回复消息，你是什么感觉？通常遇到不回应的情况，我们会主动问一下：“你的想法是什么？”他半天来一句：“哦，我想想。”然后“石沉大海”。

我们很难想象，这个例子里的拖延者到底为什么不回应。但拖延把同事们跟他的关系拖远了，甚至可能把他的工作都拖没了。

这样的关系相对来说还比较简单，大不了不合作，但是在亲密关系里，拖延就很麻烦了。一位朋友跟我讲了她家里的事。她家卧室的门出了问题，只要一开门就“吱吱呀呀”地响。她和丈夫商量后，决定丈夫去解决这件事，但是丈夫拖了半年。这半年中，每开一次门，那个声音就响起来。她问丈夫，丈夫就说，嗯，好。接下来还是不去修门。我这位朋友从耐心等待、心怀期望，到气到心口痛，最后上升到认为丈夫不爱她的高度。后来，这位朋友自己去五金店找了一个零件，解决了门的问题。一想起这么长时间信任丈夫，他却没有修门，她就很伤心、很气愤。就这样，在现实层面上并不难做的一件事情，最后竟然在情感层面上掀起了轩然大波。

我要在这里说明一点，在这段关系里，我的这位朋友也有需要调整的地方，只不过我们主要着眼于拖延带来的感受。我想这位先生使用的拖延方式显然是对关系有伤害的。拖延者让对方一直处在等待之中，在漫无边际的焦虑里期盼一个回应，而这个回应，还不知道什么时候能够得到，这令等待者非常有挫败感。拖延者在这个过程中用他的无反应直接控场，与之相对应的是等待者的失控感。很多人不仅仅感觉失控，还感觉到羞耻。

一位网友也分享了她的故事。因为工作需要，她请领导在一份材料上盖章。领导答应了，但迟迟不盖章。她催了一次领导后不好意思再催。就这样，这位网友对领导的情绪由感谢转化为失望，最后变成了愤怒。她对自己有这样的依赖需求感觉到羞耻，对自己的无能感到愤怒，对领导的不可控性感到无力。

拖延在节奏上让关系里的另一方有种断裂感，关系双方总是连接不上，就好像处在茫茫太空，你知道对方在，却不知道他在哪里。这个“在”并不具象，这种感觉很容易唤起一些人的早年创伤，尤其是曾经经历父母严重不回应的人，遇到这类拖延症伴侣往往会很崩溃。

拖延带给他人的这份压力，使关系很容易处在张力之中。严重的时候，会导致关系破裂。

我们来看看拖延的四种类型。

1. 失控型

这一类型的拖延者觉得自己掌控不了局面，是无助的被动者，无助之下还有恐慌感。他们处在一种飘浮和恍惚的状态中，对于怎样应对当前的情境完全是应激反应——倾向于往后退缩。应对过程中，他们往往感到自身难保，更别提分离出一个自我观察别人了。跟这一类型的拖延者在一起，有时候会感觉他们受到了惊吓。他们不是有意要为难别人，就是自己突然"卡壳"了。

2. 纠结型

这一类型的拖延者不清楚自己的想法，不知道自己是想拒绝还是想接受，他们常处于焦虑状态。

一位网友跟我分享了她的经历。她入职五年，一直盼望着升职，但有了升职机会且领导也属意她时，她却摇摆不定。她发现自己好像有点儿留恋现在的位置，她担心做了决定后就再也没有重新选择的空间，于是一直拖着不选择，抱有两种选择都不会失去的幻想。现实给她的反馈是：领导因为她的犹豫降低了对她的期待，认为她目前还没有准备好，不适合升职。得到结果后，她很后悔，之前的幻想破灭了。

事实上，她不管做不做出选择，内心都很痛苦。这种痛苦感源于一种很隐蔽的丧失感：原岗位不符合她升职的期待，是不够完美的；升职后的岗位没有了原岗位的一些东西，也是不完美的。对于完美的追求，使这种类型的拖延者不能畅快地做任何一个决定。

3. 对抗型

这一类型的拖延者有自己明确的想法，但是不能拒绝关系中的另一方。

我举的那个修理门的例子就是这种对抗型拖延。我更多地了解我朋友的夫妻关系之后发现，她倾向于在关系里控制对方，而她丈夫对此已经愤怒很久了。但是，她丈夫觉得跟她发火是很没有涵养的行为，不能主动表达攻击，于是选择了拖延这种被动攻击方式来对抗她：你说的，我都接受，但是我不做。

在亲子关系里，拖延也很常见。孩子不理父母，或者磨蹭，都是在表达对抗，也是在关系里对于当下要做的事情的拖延。通常这样的时刻，父母是需要反思自己的：会不会哪些部分控制过度了？反抗不是无缘无故的，需要去了解关系里的细节，发现哪里出了什么问题，做出调整。

对抗型拖延者要让对方感觉到的正是被攻击的感觉。当拖延者遇到一些不想做、不想答应的事情时，他感觉到的就是被攻击。但是，他没有办法直接说："我不想做这件事情。"于是他就拖延，拖到对方耐心全无，拖到对方自己放弃。这样他既不用为对方负责任，也不用为自己的选择负责任。这当然只是一个幻想的假象，因为没有选择也是一个选择，外界会做出选择。

4. 暴力型

这一类型的拖延者对于结果的不确定性感到很不安，恐惧再往前走一步就不得不面对可怕的后果。他们内心渴望完美，担心自己的行动会破坏它。这一类型的拖延者本质上是在恐惧失败和不完美。

他们往往拖到最后期限，没有幻想空间了，才加班加点地完成任务。有些人在这个瞬间感到很舒服，但是这并不能在平常让他们更有动力去做事情、经营关系。把事情拖到最后才做，其实是在用一种暴力方式逼迫自己。而在这样的时刻才能感觉舒服，可见在日常生活里是多么没有价值感、多么不被珍惜。

拖延拉长了时间、放大了空间，也减慢了速度。许多人无法适应这个节奏，所以，跟拖延者在一起时，他们会感觉到非常焦虑，无法等待时，他们就会放弃这段关系。

拖延者不只是让别人难受，他们在心理层面承受的压力并不小。拖延者并不享受拖延的过程，反倒经常一边拖延一边在心里责骂自己：怎么又拖延了！怎么还是改不掉这个臭毛病！

分享小锦囊

锦囊一：尝试理解。尝试理解自己，没有人会故意伤害自己，除非逼不得已。同时尝试理解他人，当和拖延者在一起时，的确很不舒服。允许这些感觉存在，接受拖延，拖延就没那么可怕了。

锦囊二：善待自己。如果你面对一件并不想做却又无法拒绝的事情，那么为自己在这件事情之外安排一些喜欢做的事情。这类似奖励，用另一件喜欢做的事情来平衡和削减别的事情带来的痛苦感。

锦囊三：试着拆分。大的事情给人一种覆盖式的压力感，人们会感到无助，想要逃避，从而拖延。所以，从小一些、容易一些的事情开始，积累一些成功的体验和感觉，你将会更有动力往前走。

锦囊四：觉察。如果你在关系里是被拖延者伤害的那一方，那么首先要做的事情是觉察在这段关系里发生了什么。拖延是一种防御，你身上的什么东西使对方要防御？这种觉察可以帮助你看清自己、看清关系。如果你并无过分之处，那可能是对方有一些情结。这个时候，尊重对方的感觉就好，你没有错；如果有过错，可以坦诚地说出来。同时可以向对方表达：他的方式会影响你们的关系。

锦囊五：使用小技巧。比如，你的下属有拖延的情况，那么你布置任务的时候，可以将完成时间规定得提前一些，并且在开始就告诉他按时交，不给可以拖延的暗示。这样事情就会变得更加可控一些。

锦囊六：离开。如果你承受得了分开的痛苦，可以选择离开。

总结

（1）拖延者的武器有“三个迟”，即迟回应、迟行动、迟拒绝。

（2）拖延方式对关系是有伤害的。拖延者让对方一直处在等待之中，用无反应直接控场，与之相对应的是等待者的失控感和羞耻感。

（3）拖延者总结为四种类型：失控型、纠结型、对抗型和暴力型。无论哪种类型，拖延都是在表达一种防御。

（4）拖延者的内在有严厉的指责者，他们拖延的时候并不享受，而是很焦虑。

疾病，你的身体出卖了你

低价值感在关系里会过度牺牲。我首先想到的是电视剧《射雕英雄传》里的阿衡。看过这部戏的人都知道，她是东邪黄药师心爱的女人。在整部戏里，阿衡一直躺在冰床上，不能言语，不能起身，没有意识。用我们现在的观点来看，阿衡其实就是植物人。她应该是一早就死了的，只是黄药师一直不愿意面对这个结果。

这个例子和攻击性有什么关系呢？

阿衡一心想帮夫君黄药师，哪怕已怀孕八个月，仍铤而走险。从这个角度来看，阿衡并不珍惜自己的生命。她为黄药师而存在，黄药师的喜怒哀乐也是她的。她曾经安慰黄药师，只要他高兴，一切都是值得的。所以在某些时刻，阿衡很可能会认为，如果不去拯救黄药师，她自己内心的无价值感就无处安放了。最终，她殚精竭虑，气血耗尽而亡。

阿衡有多想留在这个世界上？也许她内心并不真正留恋活着。在遇到黄药师以前，她在异族人中长大，后来逃离异族，可以说她是个“弃儿”。这样的孩子，内心的无价值感、被抛弃感是很强的，甚至认为幸福是奢望。在看到可以依靠的人如此痴爱《九阴真经》后，阿衡是不会考虑个人安危的，付出生命对她而言根本不算什么：她只要黄药师看到她的价值，看到她的存在。

黄药师在阿衡死去之后，才发现她比《九阴真经》更珍贵。可是，人已经回不来了。这让人心痛。黄药师自那一刻起就陷入了哀伤。他武功盖世，却救不了妻子的性命，这是多么大的自恋挫败。哪怕阿衡留下了一个聪明又可爱的女儿，也没有消除这种挫败感，他一直计划着等女儿长大成人，就和妻子一起沉入大海。

没有了你，一切都没有了意义。哀莫大于心死。黄药师一直在用阿衡冰冻的身体保留仅有的一点儿希望。这背后是一种近乎绝望的幻想：我要你活着，我要救你，我不要你离开我。但其实，我们都知道阿衡早就死了，这只是黄药师哀悼的过程。

阿衡用生命证明了自己的价值。而黄药师觉得：我宁可不要什么秘籍，我只要你活着。但这样想的前提是秘籍已经到手了，黄药师这才不得不面对另一个失去。在此之前，他呈现出来的热情会让阿衡觉得秘籍是最重要的，这多少给了边界不够清晰的阿衡一些信息。

两个很相爱的人，非要到你死我活才能明白生命的意义。这是一种很悲伤的方式，攻击自己也攻击他人。阿衡通过这种过度付出，牺牲了自己的生命，黄药师因为阿衡的离开，陷入抑郁。

如果一个人的自我价值感低，牺牲就很容易发生，低价值感、付出感以及随之而来的愤怒感和内疚感会席卷而来。能够把这些感受用言语表达出来，对一个人的健康来说是很有价值的。但是，很多人不能用这样的方式表达。我们在前文中提到过，不能表达是因为恐惧。不能表达的情绪越积越多，到了心智系统再也消化不了的时候，就会启动身体代偿。从这个角度来看，我们的身体真是最忠实的朋友。

我有一位朋友，她的爸爸得了癌症，治疗无效离世。从发现得病到去世，只有短短三个月。她的爸爸是一个脾气急躁的人，很容易生气。在中医看来，生气伤肝。可以想象，一个总是在生气的人，他的内在已经“烧”起来了。她的爸爸似乎一辈子也没有学会怎么跟愤怒在一起，要么情绪失控爆发愤怒，要么压抑愤怒。

我的朋友提到她爸爸时，说得最多的是，爸爸太累了，总是在忙碌。显然，爸爸没有照顾好自己的身体。不难想象，一个一直劳碌、难有放松机会的人，可能一直处在紧张的状态，而紧张会使身体的免疫力下降。

我们的身体是最智慧的导师。如果你耐心听，它会告诉你前进的方向。

我的另一位朋友曾经有一个升职加薪的机会，但是就在那几天，她突然跌倒，扭伤了身体。我们谈起这件事的时候，她说，那几天一直在想升职加薪的事情，感觉这是自己很想要的，机会来了。但是身体扭伤了之后，她忽然发现，自己没有那么焦虑了，有一种解脱的感觉。她忽然意识到，她并没有做好升职的准备。这次扭伤，身体承受的疼痛让她明白了自己到底想要什么，自己的节奏是什么。

升职加薪最终没有实现，这位朋友听从了身体的指引。她感到安宁，可能对于她来说，当时的职位是真正适合她的。有意思的是，两年后，她获得了另一个职业成长机会，这个机会比之前的更好、更适合她。这一次，她觉得时机已成熟，志在必得。

我再举一个非常经典的身体表达的例子。一位网友说，他的妈妈很唠叨、很爱埋怨。他的爸爸在他十来岁的时候耳朵出了问题，最后，一只耳朵完全失聪，另一只耳朵也要说话的人很大声才能听见。

让自己的耳朵听不见，这是很经典的防御：既然我不能阻止你的唠叨和埋怨，不能让你的嘴巴闭上，我就“关上”自己的耳朵，这样我就可以屏蔽很多信息，就不用承受你的情绪了。这个方法还真奏效，他妈妈因为他爸爸听不见了，就很少在他爸爸的耳边唠叨了，只是苦了一直在这种唠叨下长大的这位网友。

他爸爸使用这种方式的确屏蔽了一部分来自他妈妈的信息。从这个层面上讲，他是在用被动攻击的方式保护自己。但同时，这一方式对他的生活造成了影响：耳朵听不见了，交往上必然会出现一些困难。这就可以看作对自己的攻击。

还有一个例子也非常典型。一位新妈妈请了婆婆来帮忙带孩子。结果婆婆三天两头生病，不是感冒了，就是胃疼。这位妈妈本来想请一个帮助自己的人，没想到事情变得更加麻烦了。她感觉到内疚，因为婆婆似乎是为了照顾孩子才生病的，同时她也很生气。最后的结果是，婆婆走了，请了一个家政阿姨帮忙。显然，婆婆可能不是很想帮忙带孩子，又觉得不得不帮，于是就用身体来表达了。直接表达很危险，而间接表达一样伤人。

身体可以说是我们最忠实的朋友，哪怕我们的意识已经给它下达了命令，它也似乎更愿意遵守无意识的指令。身体经常“出卖”我们的意识，用它的存在迫使我们不得不关注内心深处真正想要到达的地方。

在一次工作坊中，我请小伙伴在安静中感受自己的身体，看一看身体有哪些部位不舒服。令人惊讶的是，每个人都说出了不舒服的位置，有的甚至说，几乎全身都不舒服。我发现很多人都不会照顾自己的身体，它像是一座隐形岛屿，一直在我们身边，一直被忽略，直到它出了问题。

人们不会照顾自己的身体的深层原因是：我们觉得自己不值得被珍爱。这跟一个人不愿意照顾自己的情绪是一样的道理。很多人小时候没有被父母很好地照顾，没有办法从父母那里学习到怎样照顾一个生命，长大了也就难以信任会有其他人在他需要的时候愿意照顾他。

曾经有一个女孩跟我说，如果有一天她得了绝症，或者残废了，她将选择安乐死。因为她的经历让她无法相信，在那样需要依赖他人的时候，可以得到有尊严的照顾。比起屈辱地活着，死去更值得向往。我听得好心痛，不知道用什么语言来安慰这绝望的心灵。我只能听，只能陪伴，只能感受她到底经历了怎样的艰难。

其实，有太多人跟我说过类似的话、类似的故事。我特别想说："如果你的生命里曾经有人不爱惜你，那不是你的错。现在，你终于有能力照顾自己了，你可以从现在开始学着照顾自己。"

随着医学的发展，有越来越多的疾病被放在心身疾病的范围内研究。需要注意的是，身体有疾病了，不一定是情绪出了问题。我个人认为，如果身体出现问题了，到医院检查后并没有躯体疾病，此时可以考虑是不是情绪上的问题。

分享小锦囊

锦囊一：思考。在关系里，如果有人用频繁生病的方式攻击你，那么可以思考一下发生了什么，有没有调整的空间。如果有，就往这方面努力；如果没有，需要考虑的是继续关系的意义有多大。

锦囊二：觉察。当你用疾病来表达你的情绪时，也许你可以多对自己进行觉察：什么样的情绪你不能够直接表达？你在害怕什么？这些问题可以帮助你深层地探索自己，从而为自己积累更多的力量，在关系里更加从容。

锦囊三：学习跟身体对话。每天躺在床上，花十分钟，不受任何人打扰地跟自己的身体待在一起，就像跟一个老朋友聊天那样，让你和你的身体相互关照。

锦囊四：多做锻炼。运动可以提高身体的多巴胺水平，从而产生快乐的感觉。

总结

（1）不能表达的情绪越积越多，到了心智系统再也消化不了的时候，就会启动身体代偿。从这个角度来看，我们的身体是最忠实的朋友。

（2）当人们发现有身体疾病的时候，其实是一个信号，提醒你注意自己的健康，提醒你觉察，并以此调整自己的节奏。

（3）我们的身体是最具智慧的导师，如果你耐心听，它会告诉你前进的方向。

（4）如果身体出现问题了，到医院检查后并没有躯体疾病，此时可以考虑是不是情绪上的问题。

互动：直面依赖背后的恐惧

有朋友留言说："黄老师，有一点我一直很困惑——当我独自生活的时候，我是很独立的，但是一旦进入一段关系，我就会不由自主地扮演依赖者的角色。我会过于在乎对方的感受，丢失了自己。可如果跳出这个角色，我就是个独行侠，只顾自己。就好像我的面前放着一层透明玻璃，任何人靠近我，我都会担心太近，也会担心太远。我没有办法接受，你今天和我很好，忽然有一天不和我说话了。我感觉自己像是别人生命里的玩偶，事实上，我知道这是已经丢失自己的显现，我该怎么办呢？"

这个留言，恰如其分地呈现了依赖的特点，即这是呈现在关系里的一种情感行为反应模式。进入一段关系，这位朋友马上就变成了依赖者——一个弱小的、需要被照顾的角色。

为什么一进入关系，他就直接变成依赖者了呢？这是因为，关系对一个依赖者来说，是非常熟悉的情境。很多时候，人们都不知道发生了什么，就像是一个电路板，只要这边按钮一按，那边的灯就自然亮了。这位朋友的反应是如此娴熟、自然，显然他已经经历了很多次，才会有这样的脑回路反应。

如果一段关系里，你习惯了当一个依赖者，那么，当进入下一段关系时，你最本能的反应就是直接使用这种模式。也许在很早、很小的时候，在最初的亲密关系中，你就已经学会了依赖，并且认为依赖是非常好用的方式，因此一直沿用至今。

依赖者传递出去的信息，是“没有你，我活不下去”。自然，为了活下去，你觉得对方任何的要求都是可以协商、可以接受的。活不下去，快要死去的恐惧笼罩着依赖者的内心。可能你会认为，只要满足了对方的需求，恐惧就会减少。可是，依赖者可能越来越发觉，这是非常难的。因为，你怎么能满足对方所有的需求呢？没有人可以。那么恐惧就会一直在那里，不断升级。

通过满足别人来获得保护，是一种非常危险的方式。因为结果必然是，你会失去自己。

事实上，你并不是没有能力照顾自己。当你一个人的时候，没有被关系笼罩的时候，你是自在的、有力量的。只是在关系里，看起来就像是，你放弃了照顾自己的机会，把它让给了对方，让那个你依赖的人来照顾你。这通常都是在重复童年关系的模式，但这之中也蕴藏着疗愈的机会。

怎么做？

最核心的部分是，直面依赖背后的恐惧。试着感受一下，如果你不依赖对方，会怎样？你可能会很焦虑，也可能感到虚无、孤独，也可能体验到很深的恐惧。

试着看一下，这种恐惧的真实性如何？恐惧的感受是真的，但是离开了对方，真的就活不下去了吗？

在一个现实的层面，我们用平常的逻辑就可以清晰地认识到：你现在长大了，离开了任何人你都可以活下去。那种没有谁就活不下来的感觉，是小时候的你感受到的。那个时候，你用依赖维持生命。但是现在，这种方式不再那么适合你了，它正在阻碍你，你其实可以用其他的方式让自己活下来，你现在有了更多的选择，你有决定自己怎么做的权力了。

这也意味着，你可以为自己负责了。那么，你要开始明晰自己的边界，并为此负责。自己的事情尝试自己做，惯性总是非常顽固的，但是一旦你准备好了，突破也就是时间早晚的问题。某一天，你可能就发现自己有了一点儿变化。慢慢地，你会越来越自信。当你对自己有更多的信心后，自然就越来越不想像以前那样依赖别人，因为你已经尝到了自由的味道。

当你不再用那种依赖和脆弱攻击自己的时候，就会升腾起更多与这个世界连接的愿望。那个时候，关系中的对方也不会感觉跟你在一起很沉重，你自然也可以从关系中得到一些滋养，而不是消耗。

一位朋友留言说：“我是任何事情都不愿意做的人，或者说我的大脑想做，身体却相反。大到工作，小到干家务，没有什么事情是我不想拖延的。所有的事都好像是我大脑想做的，却没哪件事让我的心有欢喜雀跃的感觉，导致我对生活没什么激情。请问我该怎么办？”

对生命最大的辜负，就是这辈子你没有活出自我。对自己最大的攻击，就是无论外界怎样，你都处于停滞状态。

身体从来都不说谎，但是我们的大脑擅长欺骗。它会跟你说，这个你要做，那个你要做。如果你真的想去做，你的身体和大脑就是一致的。如果它们出现了分歧，那么停下来看看，到底哪里不对。

如果你的生命一直要为那些应该做的事耗费，那么只能说，你一直在负责任。负责任，固然是重要的，但我们并不是只有这一件事情要做。有没有哪一刻，你是为自己而活的呢？

没有为自己活过的生命，不会有激情。身体的不动和拖延，就是对抗。它早已经告诉你，你的内在不希望过这样的生活。就像一个沉睡的公主，什么时候醒来，要取决于她对谁真正动心。你是否对这个世界有动心的时刻？

如果你还没有泯灭掉最后一丝希望，那么尝试去抓住它。你需要照顾这小小的火苗，这里面藏着巨大的生命力。

从小事做起。比如说，你想要吃点儿什么，就专心地去满足和享受，感受这食物的香气、味道，也感受自己的咀嚼过程。你也许能感觉到你和食物之间的碰撞、互动，那可能是很温柔的相遇，也可能是很霸气的对抗。就这样尝试建立和食物的连接，由此延展出去，跟每一件让你心动的事物去建立关系，发展你的内在。这种感受将带给你人生更多美好的滋养。

如果你想去旅行，那么去行动。这并不会占用你太多时间，你需要的也许只是一个勇敢的决定。这是送给自己生命的礼物，当你走在大地之中、山脉之巅，当你徜徉在水流之上、沙漠之边，便会见到人生的另一种风景。

一个朋友跟我说，她感到抑郁、没有希望的时候，疗愈的方法就是去旅行。看各种风景，跟不同的人交谈，听不同的故事。有一次，她见到雪山，四周寂静如夜，她就这样将自己融入这寂静里，眼泪流了出来。此刻，她感觉到与天地深深的连接。她找到了自己，与自己的那份孤寂相连接。

做自己喜欢做的事情，跟喜欢的人在一起。如果被阻碍，问问自己："我现在到底想要什么？"问题总是会带给我们生命的答案，这是人类智慧的妙处。

人生的痛苦，有很多源于想要而得不到。那个人不是你想要的，那件事不是按照你的期待来发展的，那段关系也不是你理想中的样子。可是，我们究竟能做多少呢？如果对方就是那个样子，我们能让他改变多少呢？也许你能做的只是尽力之后，接受这一切的存在。然后潇洒地转身，让力量回到自己身上，为自己做更多、更美好的事情。

如果你感觉到悲伤，可以哭泣，眼泪会抚慰你的心。如果你感觉到快乐，就尽情享受快乐，它会给你带来更多希望。

这是一个成长、蜕变的过程，是学着正视自己的恐惧，学着把力量从外界拿回自己手中，学着从一个小孩子长成大人的过程。你会像骑士一样出征，为了自己的领土与强大，你会学着管理自己的王国，使它富饶、平安。

从现在开始，尝试停止对自己内在的攻击，把这个力量用在建设自己上；尝试用你内在的攻击性，为你扫清障碍，让它们成为你成长的养料。

余生，愿你活出真正的自己。

攻击性之华山论剑

华山论剑是江湖豪杰们比拼攻击性的最高赛事，参与者都身怀绝技。练成绝技通常需要内在功力和外在武学技巧，而这就需要秘籍。

金庸先生的小说中，有两本秘籍——《九阴真经》和《九阳神功》，我也归纳了活出攻击性的“秘籍”。希望通过这部分内容，大家都能学到一些表达攻击性的招数。

“九阴三经”：学会为自己的需求负责

攻——学会要求

我认为学会要求是最重要的主动出击。

学会要求的第一步是：坚信自己的价值。这并不容易，我们生活中有太多人，不会去要求，更多的是等。等的结果很少是皆大欢喜，绝大多数是苦大仇深。

一位朋友跟我讲，在过去八年，她错过了很多次买房的机会。虽然和丈夫钱赚得不多，但是八年前的首付还是凑得够的，然而他们没有买。原因是贷款太多、压力太大。她丈夫一直认为房价会跌。她一次次带着丈夫去看房，又一次次放弃，于是一次次错过，直到房价飙升到了一个他们无法企及的高度。眼看着买房的愿望一天天变得不可能，我这位朋友心里越来越失控、越来越愤怒。她埋怨丈夫：为什么当初不肯买房子？两个人越吵越凶，差点儿离婚。

我问朋友，当初为何不坚持自己的意见？她说，她不敢要求。她只能发出一点儿声音表达愿望，但是她不能为自己争取，不能坚持自己的意见——她害怕自己的意见会让丈夫不高兴。这种想法的根本原因就是她潜意识深处认为自己没有价值，所以不敢理直气壮地提出要求，更不敢坚持要求。她害怕自己的愿望会让关系破裂，她不想被遗弃。

就这样，她把让丈夫高兴放在了第一位，一直压抑自己的愿望。她讨好了丈夫，却冷落了自己。愿望没有消失，反倒在一天天地变得越来越强烈了。但是，她仍然不能主动表达愿望，而是通过愤恨和埋怨攻击对方、攻击关系。没有被看见的生命力，会转化为破坏力。我这位朋友的愿望、需要一直没有被看见，于是转化成了怨恨。

她的丈夫也觉得很愤怒："当初我提了意见，你也同意了不买，为何现在都是我的错呢？"

顺从，未必会让别人更加尊重你。等待，尤其是等待别人做决定，未必会让自己心满意足。发出自己的声音，不代表就会伤到别人。而就算别人跟你分开了，你也不是被遗弃了，照样可以存活下来。

这就是学会要求的第一点：确信并认可自己的价值。你是这世间独一无二的存在，你的存在本身就是有价值的。如果你曾经被贬低、被打压、被忽视，这的确会影响你的自尊，你可以愤恨、沮丧、哀伤，但是请别放弃希望，试着让花朵从伤痛的裂隙里开放，那是最值得尊敬的生命力量。

学会要求的第二点是：直接说出具体、明确的要求，学会使用“我要”句式。

不能表达的人通常使用间接句式。比如，明明很想要一个包，却不直说“我要买这个包”，而是说“这个包好漂亮啊”。“恋爱指南”说，当一个女孩子这样说的时候，男生应该直接买给她，这会带给女生很强的瞬间快感。换言之，这样比较能够让女孩子动心。动心的原因是什么呢？只是一个包包？当然不是，动心的原因是隐含的“我想要”瞬间被满足了，是“一有愿望，就被看见了”，这种感觉也是最初母婴关系中婴儿能体会到的强烈感觉。这么深的连接感被激活，当然会动心。

在两性关系里的很多人——大部分是女性——会比较喜欢间接表达，但通常对方搞不懂你的需求，所以这种方式其实帮不到自己。你需要明确的是：真的很想要这个东西吗？很想要，就直说。我们可以在说“这个包好漂亮”之后加一句“我要”，能明确自己要什么是内在主体性的呈现，这个呈现非常有价值。

如果对方不愿意满足你，没有关系，你自己也可以满足自己。总之，要发出自己的声音，哪怕是恐惧也要发出自己的声音、也要去要求。这是你跟这个世界的互动，也是你向这个世界发出攻击性的过程。这会让你更有力量。

我这位想买房的朋友在咨询我之后，痛定思痛：从今往后要靠自己，自己是有价值的存在，自己要为自己发声，学着为自己负责。她想去旅行，就跟丈夫说“我想旅行，我们需要计划一下”。如果丈夫不能陪同，她也能接受。当她这样做了之后，夫妻关系明朗了很多，因为她明确地表达了自己的愿望，并为这个愿望努力。这种感觉实在是太好了。虽然这位朋友有时候还是会埋怨，但是当她开始为自己负责任、提要求的时候，她显然更快乐了。

再来跟大家分享一下我自己的经历。我在跟老板谈合作薪酬的时候，用了同样的方法。我的老板在薪酬给付上的不确定让我深感不安，因为我很清楚我不喜欢在这样的事情上含糊，我需要清晰的边界。但是我有些犹豫，毕竟这是我的老板，合作意味着他认可我的价值。我思虑过后，还是决定跟他直接谈我需要什么：非常清晰和具体的支付时间、支付方式、支付周期。这些都谈清楚了之后，我觉得我可以好好投入工作了。

能这样谈的前提是我确信自己的价值。老板邀请我参加这个项目，意味着我的能力是被认可的。如果在薪酬问题上没有清晰地达成一致，我就会卡在这个地方，情绪会消耗我不少精力，那么在我做项目的过程中，潜意识很有可能会出来捣乱，使我无法提供与我的能力相匹配的价值。直接而坚定地提出我要什么，让我们双方减少猜测和幻想。这样就把精力集中在问题本身，实在是省了不少精力。

学会要求的第三点是：接纳、驾驭自己的羞耻感。当我们向这个世界发出自己的声音、表达自己的愿望时，最害怕的事情是什么呢？可能很多人会说，害怕不被回应，害怕被拒绝。这种感觉的更深一层就是羞耻感。这是一种特别难以忍受的情感体验。

临床心理学家考夫曼在他的书中写道："羞耻是灵魂的疾病。它是自我体会到的、关于自我的最令人心碎的一种体验。羞耻是我们体内感受到的伤口，它把我们和自己分开，同时也把我们与他人分开。"

我觉得这是非常有温度的描述。我们每一个人都体验过这种感觉：自己很不好、很糟糕，很想逃跑。"恨不得钻到地缝里去。"这句话很形象地描述了羞耻感，它会造成内在自我的崩解。为了应对它，人们常使用的方式有沉默、愤怒、指责，甚至暴力，这让我想起"恼羞成怒"这个成语。愤怒的背后潜藏着羞耻感，这也是在很多人被拒绝后暴怒的原因。

当一个人内心的羞耻感特别强烈，体验到羞耻的阈值又比较低的时候，他就会倾向于不表达，就更不要提主动出击、主动要求了。羞耻感显然会阻止我们提出要求，所以我们要想办法把它移开，为我们学会要求做准备。

我想起了我的另一位朋友，她年轻时是某个领域的"销售大王"。我们一起出去买东西时，她总是能找到物美价廉的，还非常会讲价。但最厉害的是她的心态，她讲价的时候从来没有发过火，不急不缓、一步一步地探到对方的底线。哪怕谈不拢，她也不会生气。

显然，她能够接纳自己的羞耻感。她不会因为对方喊出了一个很高的价格就感到愤怒，也不会因为对方说“你给的价格太低了”而觉得自己不好。她不会轻易认同对方的负面反馈。在这种情况下，她能轻松地提出自己的要求，也为自己的目标而努力。她说，一般情况下，只要看准了自己喜欢的，肯定可以谈到双方都满意的价格。

总结

（1）我认为学会要求是最重要的主动出击。

（2）学会要求的第一步是：坚信自己的价值。

（3）学会要求的第二步是：直接说出具体、明确的要求，学会使用“我要”句式。

（4）学会要求的第三步是：接纳、驾驭自己的羞耻感。

守——学会说“不”

“不”这个字说出来不容易，也令人振奋，因为“不”意味着你在宣告独立和主权，意味着你是自己领土的国王，意味着你正在用你的力量捍卫自己的利益。

说“不”有一个核心要求，即守住自我边界。

当边界被侵犯时，攻击性就会作为一种保护性力量出现。没有攻击性，就是没有防御能力。别人的话就像是狂风，脆弱的小树苗瞬间就会被摧毁，但如果是根深干粗、枝繁叶茂的大树就只是摇摆一下。树自身的强大就是对狂风最好的反击。

守住自我边界需要明确自己的边界，即知道哪些地方归自己管，哪些地方不归自己管。归自己管的，别人入侵了，就要管得理直气壮；不归自己管的不要插手，管住自己的手脚和嘴巴。管了不该管的，别人就会反击，因为别人也有自己的边界。

给大家讲一段我自己的经历。我刚结婚时，有一天，我丈夫跟我说，他的一个亲戚结婚需要给礼金，他已经跟他妈妈，也就是我的婆婆商量好了。这意思是，他就给我一个通知，没我啥事了。这怎么行呢？我们现在已经结婚了，这件事情就应该由我和我丈夫做主，而不是他和他的妈妈。可以说，这刚结婚，我就遇到了有关边界的挑战。

于是，我就跟我丈夫说：“你跟你那个亲戚从小一起长大，感情很好，给这几千元，我能理解，也能接受。但是，我认为这件事情应该由我和你来做决定，而不是你和你的妈妈。因为我们结婚了，这就是我们共同的经济支出，我才是我和你这个小家的女主人。如果你妈妈是以她和你爸爸的名义去给礼金，动用他们的支出，跟你商量，寻求你的意见，那这个我是支持的。”

我对丈夫动之以情、晓之以理，基本上他就明白了我的边界和力量。他很快就跟他妈妈沟通了这件事。第二天，我也当着他们的面又说了一遍。我婆婆没有意见，她是比较明事理的人。从那以后，她一直很尊重我的边界。我当然也不会去入侵她的边界，要求她必须怎样，我也很尊重她的边界。

我通过这段经历得到的经验是：要明确边界。我们已经结婚了，我就是女主人，这件事情该由我和我丈夫做主，而不是我婆婆。明确边界后，就可以说“不”了。说“不”的最好时机，我认为是在对方的入侵还处于萌芽状态时，行动要快、准、彻底。

这件事，如果我不提出异议、不发表意见，只是自己生闷气的话，事情并不能得到更加有效的处理。可以想象，如果我忍着不行动，幻想他们会可怜我、尊重我，考虑我的意见，下一次他们还是按照他们的想法来做时，我会多么悲情、绝望。我甚至会成为一个怨妇，埋怨我丈夫为什么不能为我着想。

现实是他们已经这么做了，而我不希望再给他们继续这样对待我的机会，所以我果断、迅速地出击。幻想他人会为我们改变，这个代价太大了。你必须出手，为了自己。

一件事情第一次发生了，你不给反馈就是默许它发生。可以说，你是合谋者。请原谅我说得太过直白。所谓“雪崩时没有一片雪花是无辜的”也是这个意思。你必须为自己负责。

守住自己的边界，需要驾驭自己的敌意，运用策略为自己赢得有利时机。沟通时可以使用的句式是：“我理解……但是我……”我的这次经历中，我很清楚自己的边界，但是，如果我一开始就带着敌意责怪我的丈夫，比如：“这件事你为什么不跟我商量？”“你眼里还有没有我这个妻子？”这样做等于给自己设置了障碍。

很多人会使用暴力指责的方式来反击，并且是非常夸张的反击，甚至想通过一句话就把别人“消灭”。这就是敌意充满的时刻，这时我们没有空间看到真正的对方，而对方在我们的指责下也会反攻。暴力指责会让我们来到非常被动的位置上，也就是给自己设置障碍。

所以，怎样优雅地表达攻击性？把障碍拿开，我们就有空间优雅地表达了。如果我们处在一个非常有敌意、非常失控的情况下，是不可能优雅地表达的。敌意意味着“我要消灭你”，失控意味着没有空间容纳和消化自己的情绪，也没有空间容纳对方带来的冲击，这时就只能纠缠、扭打，又或者退避、沉默。

你要让自己有空间变得优雅，让自己优雅地出击。你要把握时机，但是不能太急，花一点儿时间把敌意放一放、缓一缓。等到敌意消散了一部分，等到有空间了，这时才是最合适的时机。同时，在向对方表达的时候，你也要给对方空间，尝试找到平衡点。你要理解对方的愿望，当我们允许对方的愿望存在的时候，对方才能够感觉被看见。这个时候，对方更容易接受我们的想法和建议。

还是以我的经历为例。我听到消息的时候很受冲击，感觉怒火冲到了脑门：刚结婚就遇到这种事，心里实在堵得慌。我缓了一个下午，晚上终于可以把这件事情的前后逻辑理清楚，也确定了怎么谈对自己更有利，所以在晚上的时候，我的情绪已经平复了很多，和我丈夫沟通的时候心平气和、语气坚定。

有的朋友可能会问："我缓了很长时间才有一点儿空间，这时对方的入侵早已不是萌芽状态了，这怎么办呢？"我要说的是，不管外部环境多么好，你自己的状态跟不上的话，这个时机就不是最好的。你的内心能够驾驭自己的情绪，同时，你处在一种相对稳定的状态下的时候才是最好的时机。所以，如果没能抓住外在的好机会也不要责怪自己，等你准备好了，你会创造新的机会。

说"不"还有一个非常重要的心理准备：承受内疚。

很多人都不能拒绝他人的要求，因为拒绝意味着"我不是一个好人""我伤害了你""我很内疚"，这种感觉让人非常痛苦，它含有觉得自己不够好的羞耻、愧疚，还有伤害了他人的自责。羞耻、愧疚、自责混在一起，会让人感到特别焦虑，我们要花很多时间和精力去消化。

我参加的一次团体督导的主题是案主的内疚与咨询师的内疚。督导师跟我们说，比起疑惑、恐惧，内疚更难以消化、更消耗人的情感，因为它饱含爱。在那一刻，我觉得内疚变得没有那么难面对了：当你拒绝他人的要求，而你的内心升起内疚的时候，这里面是含有爱的。

有些人会问："如果我的拒绝导致对方不爱我了，怎么办？"很多人不能够拒绝就是因为担心失去对方的爱。首先要确定的是，这种担心是真的，还只是一种幻想。

我有一位朋友一直郁郁寡欢，因为她不喜欢工作单位的氛围。勉强待了几年后，她从那里离职了。离职的时候，她和家里人快要闹翻了：家里人觉得单位非常好，是她不成熟。她非常内疚，但是她觉得自己再待下去就要窒息了。可以说，她离开是为了自救。离开单位之后，她成了自由职业者。虽然不稳定，但是她很喜欢。

起初，她觉得父母肯定永远都不会原谅她了，但在一段时间的冷却后，她跟父母的关系也缓和了。后来，她妈妈还主动问她缺不缺钱用。这时她才觉得，她对父母给自己的爱有一些误解：他们并没有她想象的那么脆弱，也没有她想象的那么残忍。

陷在因为拒绝带来的内疚和恐惧情绪中时，你需要明确自己到底想要什么。如果你想要独立的自己，那么你需要冒一些风险，比如，你可能会被遗弃，可能会失去他人的爱。如果你想要被爱的感觉——哪怕那是一种幻想——也是可以的。这是你的人生，你有选择的权力。

我有一位朋友，她妈妈的"撒手锏"是"你不答应我，我就去死”。在她三十岁的时候，她妈妈还在用这种手段逼迫她。她妈妈最后一次说这句话，是在帮她带孩子时。当时，她们两个人因为一件事吵了起来，在她妈妈说这句话后，她极其冷漠地回了一句“那你去死吧”。

她说，说这句话的时候，她没有任何感觉。她也只有在这种没有感觉的情况下，才敢说出这样的话。她跟我分享她的感受：“当时真是后怕，如果我妈妈真的在那个时候死了，我觉得自己会被打入万劫不复的深渊。”可以说，她在走一步险棋，但在已经快要被妈妈逼疯的情况下，她好像没有其他出路了。

这句话让她妈妈沉默了。她也没有再说话。在一个多小时的时间里，她都没有感觉。她说：“如果我有感觉，我很可能会忍不住扑过去，跟我妈妈说：‘妈妈你原谅我吧。’”但她没有动，只是抱着孩子坐在角落里，也没有流泪。等她丈夫回来的时候，发现了她和她妈妈的不对劲儿。她妈妈起身去准备晚餐，而她走到房间里，抱住丈夫哭泣。那个时候，她才敢让自己有感觉，她吓坏了；那个时候，她才开始感觉到内疚。但是，她说她不后悔。

这是她第一次，也是最后一次这样说。从那以后，她妈妈再也没有用“死”来威胁她了。她们的关系在走到一个极限后，开始变得能真正地尊重彼此了。现在，她觉得她妈妈比她想象的坚强得多。

这是我这位朋友的经历，她的做法不一定适合你，毕竟每个人的状况都不同。但是，我相信勇敢地表达自己能为你争得自由和尊严。

希望你能够找到你自己，稳住你自己，不畏现在，也不畏将来。

总结

（1）守住自我边界需要明确自己的边界。

（2）说“不”的最好时机，我认为是在对方的入侵还处于萌芽状态时，行动要快、准、彻底。

（3）守住自己的边界，需要驾驭自己的敌意，运用策略为自己赢得有利时机。

（4）说“不”还有一个非常重要的心理准备：承受内疚。

道——学会去爱

爱是什么？人本主义大师罗杰斯说：“爱是深深的理解与看见。看见一个人，看见他的快乐、他的忧伤、他的渴望、他的愤怒、他的挫败、他的彷徨、他的恐惧……爱是对生命的深度理解。”

我们每个人都渴望爱，也渴望被爱，渴望看见，也渴望被看见。

攻击性是什么？攻击性是没有被看见的生命力。武志红老师把它称为“黑色生命力”。这股生命力含有强大的力量，运用得好，便是创造力。相反，便会变成破坏力。

所有的攻击性都可以汇聚为一个点：想要，却得不到。比如：我想要朋友尊重我，他却忽视我；我想要我的孩子回家看看我，他却只跟女朋友在一起，连个电话也不往家里打；我希望丈夫有空，能够陪陪孩子，可他总是那么忙，还对我发火；我希望我的领导公平处事，他却一味偏袒。

没有被看见的我们会失望、生气、愤怒，我们无数次举起恨的利剑，想把那些让我们不舒服的东西消灭。

武志红老师说过："恨因爱而不能。"我读到这句话时，感觉自己得到了礼物，仿佛黑色的森林中有一丝光亮照入——等了很久，终于有人理解了我的痛苦。那一瞬间很美好，在那一瞬间，我感到被看见，甚至感到被爱。

理解让烦躁的心情缓和，让攻击的冲动平息。攻击性起初像是顽皮的小孩子，捣乱、撒娇、耍赖都是为了让他人关注、看见、理解"我"。如果信号一直没有被读懂，攻击性就会渐渐由淘气的小孩子变成叛逆的少年：别人说什么都不听、都要对着干，"我"要自由、要潇洒、要满足。此时，攻击性变得难以驾驭，仿佛一个过大的气球，一戳就爆。可是当爆炸真的发生时，除了有舒服的感觉，也会有害怕的感觉。爆炸之后，"我"很受伤，还有的人会觉得很空虚。

可以说，一个人攻击性的历史就是丧失的历史。攻击性的破坏性有多强，丧失就有多大。一个人最大的丧失就是失去爱：失去心爱的人、心爱的物件，甚至失去爱的能力——既不能爱他人，也不能享受被爱。

这种感觉是很痛苦的。丧失，就像一个巨大的空洞，吞噬着一个人的心。同时也是一个巨大的障碍，阻止了人们去爱。

学会去爱，要做的最重要的事情，就是面对惨淡的过去，哀悼曾经的丧失。

给大家讲一个故事。一个姑娘在小时候被送到不同的亲戚家寄养，好几年之后才回到她父母身边。那时候，她已经学会了看人眼色行事，能很精准地体察别人的情绪。她甚至本能地配合父母的愿望，成了一个特别乖巧、懂事、听话的孩子。这个姑娘长大后变得烦躁易怒，对他人总是充满敌意。她不知道怎样感受善意、感受爱，也不知道怎样爱他人。她最擅长做的就是迎合别人一段时间后暴怒，然后毁掉一段关系。

当年被寄养的经历，在她的体验里是被父母抛弃的噩梦。她曾无数次希望来探望她的爸爸把她带走。她绝望地认为是自己不够好，所以父母才把她寄养在亲戚家。她说，她不恨她的父母，因为在她的记忆深处，她盼父母都盼不到，爱还来不及，谈何去恨？又怎么舍得恨？恨似乎意味着我们内心一直想要保留的爱消失了。

其实，这个姑娘不是不恨，是不敢恨。寄养的体验给她的感觉是失去了父母的爱，这种丧失一直折磨着她，她也一直让自己陷在自己不够好、没有价值的旋涡里。卑微与愤怒叠加在一起，让她近乎发狂，她一次次地攻击周围的人，也一次次地攻击自己。

当她来到我的咨询室时，她讨好我，也充满着敌意。她认为我也是让她依恋，同时又会抛弃她的“父母”。她希望我能理解她、看见她，同时恐惧我会离开她。我们花了很长时间才逐渐建立安全的关系。当我们的关系越来越“结实”的时候，她终于有信心表达恨的感觉了。那是一段很煎熬的时光，因为恨并不容易。她开始能感觉到恨父母，以此开始，她甚至恨了身边的所有人。最后，她发现，她最恨自己——恨自己无能为力。

恨是对自己的攻击，也是对关系的攻击，恨使她不能去爱、不能享受爱。她必须为自己做些什么。而我是那个陪伴她的人，纵使我明白她所有的痛，也不能够代替她。我只能陪着她一遍一遍地经历疼痛，无数次擦干她的眼泪，看她往前走。后来，她说：“我觉得生活有一点儿希望了，我觉得看得见一点儿光亮了。我觉得没有那么想发脾气了，我觉得别人的笑变美了。我觉得，来见你有点儿幸福了。”

有很多朋友问：怎样面对丧失？这个故事就是答案：你需要安全的关系。这段关系能承接得住你的攻击，无论你多想离开、破坏，关系中的另一方都会理解你、陪伴你、看见你、保护你。这样悲伤才能慢慢地流动起来，情绪才能慢慢地释放，内心的防御才能够慢慢地卸下来，恨才能慢慢地软化、转变。这样，你才能有勇气谈论那些过往，让那些经历中的情感得以重新释放。这就是爱不断地转化攻击性、转化恨的过程。

攻击性因恨而生发，恨因爱而不能。如果有爱，恨会慢慢被消化掉，攻击性中的破坏性自然也跟着消失，随之而来的就是创造性。我的孩子和我的来访者经常会让我感到惊喜：当他们被爱时，那种创造力真让人赞叹。

安全的关系构建了一种新的可能，提供了一个新的视角：并不是所有的关系都像曾经经历的那样糟糕。

前面故事中的姑娘有力量后，再回过头来看曾经的经历，就会看到父母不是抛弃了她，而是在竭尽全力地工作，想尽早把她接回去，就会看到父母对生活的无能为力下隐藏的坚韧。原来，恨之下是：我那么深爱你。

找一位可靠的心理咨询师只是面对丧失的方式之一。我鼓励大家展开生命力，建立丰富的关系。这些有价值的关系能够滋养我们，让我们获得面对惨淡过去以及艰难当下的力量。

学会去爱，有一个很重要的技巧，即放松身体，安于当下。

当身体放松之后，你会更容易和他人建立连接。敞开你的心，当下的每一分、每一秒，都值得我们去触摸、去连接。如果你经常走神的话，可以用腹式深呼吸把自己带到当下，还可以放一些舒缓的音乐，帮助自己放松。哪怕有一些念头飘过，也没有关系，只是试着不断地让自己存在于当下。

我印象最深的一次爱的感觉，是在一个周末的下午，当时我在陪孩子们一起荡秋千。那一天，我的心情极好，我把手机收起来，尽情地跟她们一起荡秋千、唱歌，参与她们的游戏，让自己沉浸于当下，就像做咨询时一样投入。在那个过程里，我感觉到周围树叶的轻摇，看到它们绿得发亮，天空中偶尔有鸟儿飞过。我看到树叶缝隙间透过的阳光，听到孩子们的嬉笑，幸福环绕在我们身边。

那天下午结束玩耍后，孩子们跟我说："妈妈，我今天感觉到了爱。"我记得那个下午一切都顺利极了，孩子们不哭闹，也不顶撞我，她们玩得开心，怎样都很舒服。这个时候，破坏性早就无影无踪了。

孩子的心总是敞开的，他们什么都知道。他们凭感觉就明白父母是不是在当下，是不是跟他们的心在一起。那个下午也非常滋养我，让我想起多年前跟儿时伙伴一起玩耍的时光。虽然没有父母在场，可是我们玩得那么尽兴，那同样是跟当下在一起的爱的感觉。

学会去爱的最后一条建议是：带着恐惧与他人连接，主动表达你的善意。

我们很多人都恐惧亲密关系，会在关系里保持距离。远一点儿的关系，的确是相对安全的，但是也让人非常孤独，有的时候甚至让人空虚。

怎么办呢？因为恐惧，就不去连接了吗？不是的，大多数人对亲密关系是又渴望又害怕的。那么，除了找一个人看见你，不断地在关系里修复伤口，我们还可以让自己变得再勇敢一些，带着恐惧主动表达善意。

可以使用的语言表达方式是：描述一个相处的过程，共情对方的感觉，同时将自己的感受也一并描述出来。

再给大家讲一段我的经历。几年前，我妈妈在我妹妹还没有找对象的时候特别焦虑，而我妹妹不跟她说这些事，于是妈妈就来找我，要我介入这件事。我能感觉到这种张力，很不愿意靠近，甚至有点儿恐惧她把压力放在我这里，但我同时也不愿意给妹妹压力。于是，我就跟我妈妈说："你跟我说的时候，我也挺着急的。我知道你是想帮她。(此处，'妈妈很焦虑'这样的话就不要说了，因为她一定会说她不焦虑，她需要这样的防御。）但是，你想啊，咱们的目的是要帮助妹妹。这么一催，不但帮不了她，还可能让她讨厌咱们。你说咱们这不是干了一件吃力不讨好的事吗？她有她的节奏，咱们慢慢等着就好了。"

我一说这样帮不了妹妹，妈妈立刻就明白了这种方式不可行。后来，她再也没有要求我介入这件事了。

我的经验是：保持自己的善意，相信对方有一个值得尊重的愿望。比如，妈妈想关心我妹妹，也想让自己不要太焦虑了。如果我对妈妈发火，贬低她的愿望，甚至斥责她怎么是这样一个讨厌的人，我的内心并不会好受到哪里去，我可能会又恨又内疚。这种感觉不会滋养我，也不会增强我爱的能力。

表达自己的想法，会让自己在关系里有存在的感觉，会让自己有力量。当我们带着爱表达自己的时候，会让身边的人感觉到被爱、被滋养，我们自己也会因事情得到妥善回应和处理而更加舒服。

我对爱的理解就是：我心里想着你、念着你、支持你、满足你、尊重你、陪伴你。

总结

(1) 所有的攻击性都可以汇聚到一个点：想要，却得不到。

(2) 学会去爱，要做的最重要的事情，是面对惨淡的过去，哀悼曾经的丧失。

(3) 学会去爱，有一个很重要的技巧，即放松身体，安于当下。

(4) 学会去爱的最后一条建议是：带着恐惧与他人连接，主动表达善意。可以使用的方式是共情对方的感觉，同时将自己的感受一并描述出来。

互动：不断探知边界，调整自己

有位朋友留言："我今早坐公交车时，车上人很多。我站在车中间把手附近，这是我一上车就选好的位置，方便中途下车，也能稳稳地抓住把手，不用担心因司机急刹车而摔倒。我很喜欢这个位置。

“不断有人上车，有人往中间挤过来，于是我一点一点地往座位的方向挪，肚子已经抵到椅子了，仍然感到背后的人的背紧贴着我的背。我感到很压抑、很不舒服，几次转过头去看了看，是一位个子很高的男生。我的情绪一点一点地累积，不舒服变成埋怨，还有点儿愤怒。我想：我都已经这样了，怎么还在挤我啊。又觉得算了，挨到下车吧，都已经这么挤了，他肯定也不是有意的。

“可是，我又想：我要为自己的需求负责呀，我自己不说，别人可能不知道他对我的影响。于是，我鼓起了很大的勇气，拔掉了耳机，转过头说：‘帅哥，我在不停地往后退，已经没法再退了。’话说完，我感到没东西贴着我的背了，顿时感到一阵轻松。在接下来的二十分钟里，有时候他的背还是会贴上来，但我感到他在努力调整我们之间的距离，尽量不贴着我。我很轻松，为敢于为自己表达而高兴，也为自己拥有的小小力量感到开心。我学习着如何在冲突中表达自己。”

我为这位朋友感到高兴，尤其是“我要为自己的需求负责”这句话，让人瞬间充满了力量。

这个分享实在精彩，从最开始的后退、情绪的积累，到敌意的升起、幻想的升级、另外一个声音的调和妥协，再到现实边界的回归、行动层面的实施以及对方的反应，这位朋友护住了自己的阵地。可以说，这是一个经典的攻击性表达过程。

“选好的位置”代表着我们的决定和需要。如果这个决定对我们来说是重要的，那么守住它也是很重要的，尤其是有其他人冲击它的时候（在此，我们可以把冲击理解为入侵）。说“不”，就是为了保全自己、捍卫自己的边界、给对方施加影响，让我们自己处在一个相对安全和舒服的境地。

这个时候的心理建设非常重要，我们可以有各种幻想，但是要保持觉察，并尝试在各种幻想的混乱里稳住自己，让那些敌意消散，回归事情本身。就像这位朋友的心理建设一样：我就是想站在这个地方，这个地方对我来说是非常合适的，我要为自己的需求负责，所以我要说“不”，我要为自己的需求发出声音。

这位朋友在表达的时候表示了理解：我知道大家都很挤，所以我后退了，但是我真的已经没有办法退了，我的极限到了。这种表达非常直接、有力，且考虑到了双方的需要。结果也令人欣喜：既没有招来对方的报复，也保护了自己的利益。

有位朋友问我：“我有时候觉得自己应该攻击，但是一看别人好像都没事，我就开始自我怀疑，觉得是不是自己特别挑剔。比方说，在工作场合，如果有的同事放视频或大声打电话，我就特别厌烦，想说又觉得有点儿小题大做，怕表面的和谐被破坏。总不能每个人发出大的声音我都去说吧？我很纠结。”

这也是在说“不”这件事情上有困难的一位朋友。这个例子很有代表性，和上一个例子的不同之处在于，上一个例子是拒绝陌生人，而这个例子是要处理同事关系。它涉及直接或间接的利益关系，所以需要一些策略。

在外在有一些变化的时候，我们内在的战争就开始了。我们感到不舒服，于是想向外伸展出自己的生命力，但很快，一个严厉的声音出现了：“你这算是个什么事？小题大做，你这样会破坏表面和谐，你不能这么干！”诸如此类的“声音”是因恐惧而产生的一些幻想，幻想又因为恐惧而携带了敌意。这个时候，不恰当的表达攻击力真的有可能会导致我们很不想看到的、很糟糕的结果，比如同事远离我们，我们也折磨自己。

如果这位朋友的公司有很明确的管理职责，即相关上级会处理这些环境干扰，那么我们可以直接跟领导反映。由领导出面，我们借力使力，危险性就降低了。如果没人管，那么我们就得自己出手，需要考虑的是：什么时候出手对自己有利？答案是：敌意消散的时候。

如果我们不含敌意地表达，话语可能是这样的："亲爱的，我听到你放这个视频，感觉心思只想飞到你那里去看。这样，我干不了活，老板不会放过我。你能不能戴个耳机？"又或者是："这个声音我听了心里发慌，你能不能把视频的声音关掉？这样，我的心跳会变得平稳一点儿。"我们这只是在说一件事情，以及这件事情对我们自己的影响。单纯地表达愿望，不带有对他人的攻击、贬低、厌恶，这样我们说的更容易被他人接受。

带有敌意的表达可能是这样的："你有完没完？放了这么久，我受够了！"又或者是："你怎么这么没有规矩？你太不尊重别人了，你简直就是个眼里只有自己的自私小人！"这种方式是非常容易引来反弹攻击的。本来是对方做得不合适，最后却变成我们做得不对，说也说不清楚，一肚子委屈。

关键就在于"敌意"。敌意除了产生于外在的不合时宜的事情的影响，还产生于内在的攻击与消耗。内在的声音在控制你，让你忍住，不能生气，不能破坏。当你的感觉升腾起来的时候，被否定；当你有想法产生的时候，被压抑。这种感觉是最痛苦的，因为敌人在内部。如果你能战胜内在的敌人，外在的根本就不算什么。

真正让我们有敌意的是这些内在的声音，而这些声音跟我们的成长有关联。我们并不是现在才有这样的反应，可能是有很多次被打压、被恐吓的经历，才会条件反射般地怀疑自己、否定自己。你的纠结是内在声音所代表的力量和自我感觉所带来的力量的纠缠，它们没有达成一致，一直在战斗。而这两个方面都是一个人自我的一部分，我们需要在中间找到平衡点。

这并不容易，因为这涉及个人成长的深层次。我们可以找一个相对安静的空间，放松自己的身体，尝试让它们对话，看看最后能够达成什么样的协议。需要注意的是，根据我的临床经验，做这样的对话有可能是很困难的，因为我们的内心可能会涌出很多情绪、幻想，自己难以处理。如果感觉这样做很难，建议到专业、可靠的咨询师那里寻求帮助。

同时，请对自己手下留情一些。即便我们做得没有期待中的那么好、那么平衡，甚至破坏了关系，也不要太责怪自己。表达攻击性，让自己变得更有力量的过程，很有可能经历“破坏”，而我们正是在这种“破坏”中逐渐探知边界、调整自己的。

有位朋友给我留言：“我是一名大四的学生。大学这四年，我可以说一直在黑暗中探索为什么我和我妈妈的关系会变成这样——她总是在误解我的话、我的行为，而我能理解她，却没办法接受她的话、她的行为。

“她可以在我和小孩子玩耍的时候，冷不丁地说我是个虚伪、冷漠的人，对自己的弟弟冷漠相待。但事实上，我很喜欢和我差八岁的弟弟，而且我们的关系很好。她可以在我痛经痛得在床上死去活来的时候，说我在装，完全漠视我的痛苦……

“这些在家庭会议上我都指出来了。她的回答是我爸爸在外打拼，不能顾家，她一个人有很多气没处撒，需要发泄，作为子女的我，为什么不能接受？这不是她的错。

“我尝试设身处地地理解她这种我觉得不正常、不成熟的行为，可是我发现即便我理解了，我还是没办法忍受。在这种情况下，我该怎么处理？”

无论我们做什么选择，都是有自己的原因和价值的。如果我处在这位朋友的境地，我会想办法让自己变得能干，能干到我能离开这个家，离这个可怕的妈妈远一点儿。但是，每个人的经历不同，选择也会不一样。所以，没有如果。

我相信，在和妈妈的关系里，这位朋友已经尽了全力。理解不代表能够接受，理解和接受是两码事。哪怕对方是亲爸亲妈，也是一样。我们很容易掉入一个陷阱：因为他们是我爸、我妈，所以什么事我都得听着、受着、接着、忍着。这不是很可怕吗？孩子与父母的喜怒哀乐捆绑在一起，这是典型的病理共生。

孩子被要求成为父母的情绪垃圾桶，父母还觉得理所应当。从这里可以看出，这位妈妈是一个无法为自己的情绪负责任的人，并且在她的孩子提出这个问题之后，她仍然没有改变。而且，显然这样的情况持续了很多年。那么，这位朋友需要问自己：我是否还对妈妈会有所改变心存幻想？我是否还打算继续拯救下去？

如果答案是：我觉得通过付出，妈妈会改变对我的看法，她会开心、会喜欢我。那么，这位朋友可能就会继续陷在这种过度承担的循环里。这样做的好处是不用面对内疚。

这也是很多人不敢离开的原因：我离开了，关系中的另一方就会死掉。虽然这基本上是一种幻想，但是它却拥有真正的恐惧的力量。恐惧会使孩子离开时，害怕面对内疚：如果父母死了，我不能原谅我自己。

每个人都要为自己的生命负责任，孩子不能为父母的生命负责任，父母必须为他们自己的生命负责任。

绝大多数人会想离开，而在此之前，要练就自己活下去的本事。当一个人不再需要依赖他人而活时，他人的生死就不会再成为威胁了。

祝福大家都拥有一个充满力量的自在人生。

“九阳三经”：
我们最大的勇敢，是真实地活着

学会“定”：跟自己在一起

说到“定”，我想到的却是另一种状态——飘摇，和此相关的还有恍惚、出离、混乱、惊慌、躁动等。这些词都是在表达“不定”的状态，而这些状态很多人都不陌生，甚至它们就是我们生活的常态。

在一段关系里，你是不是很容易被对方的情感意志影响？当时，反应不过来是什么情况，但就是觉得哪里不对。等你反应过来了，事情已经过去好久了，不知从何说起，但心里还是堵得慌。没有被表达出来的情绪就这样窝在心里，使我们感到沮丧、不满，甚至愤怒。时间再久一些，如果消化不了这些情绪，你往往不是莫名其妙地攻击别人，就是攻击自己。

被他人的意志影响，意味着在关系里你不能“定”住自己。好像对方很强大，而你很渺小，对方的意志可以很轻易地把你吞噬。你被俘获了，必须听从对方的命令，因为你可能随时会被对方消灭，你时刻处于死亡边缘。

被这么深的恐惧压迫的人，怎么能够安定下来？也许只能用恍惚、出离、混乱、惊慌、躁动这些反应来应对死亡的焦虑。可以说，正是这些焦虑、恐惧，使一个人害怕与另一个人真正地抗衡。这种抗衡不是发生在现实世界中的，而是发生在只有怪兽与小白兔的想象世界中的。

如果在你的心里还有一丁点儿“不”的火苗，能够学会“定”，那么你就还有希望“扭转”自己的人生境地。

怎么“定”？你需要回到现实世界，清楚地认识到你和对方都是人——尽管对方的样子很狰狞，但他不是怪兽，至少你要尝试不把他当作怪兽。这样，你就不会那么害怕了，才能够从小白兔变成有应对力量的人。

厉害的人都临危不乱，他们不是不恐惧，而是能够面对恐惧。大多数现实层面的恐惧是，我的钱不够，我的职位不够高，这个问题我的确解决不了，等等。如果只是简单地应对事实困难，没有那么难，问题是很多人受困于由现实恐惧引发的幻想恐惧。

这种幻想层面的恐惧，威力巨大，它是现实困难与恐惧想象相乘的结果。对方可能只是提出了一个带有一丝强迫性的意见，到你这里就变成了对方拿着枪指着你，说“你必须听我的”。被迫害的幻想被激发了，这个时候，恐惧的情感是真实的，但是离现实层面太远了。我们之所以不能“定”，是因为恐惧扰乱了我们的心智。把所有的力气都用来应对幻想中的恐惧，自然就没有力气应对当下真正的困难了。

你要学会把幻想中的被迫害恐惧移开，为自己的现实道路扫清障碍。在你的能力承受范围内，鼓励自己面对恐惧，不逃避恐惧。

应该怎么做呢？首先，觉察自己的恐惧。如果你在觉知层面变得慌乱、出离、恍惚、混乱，那么这可能意味着你正在面对恐惧，你要尝试告诉自己：我知道了，现在的我很恐惧。其次，在意识层面区分幻想与现实。你要问自己：对方真的那么可怕，还是我把他想象得很可怕？这种确认会帮助我们看见自己的恐惧和幻想。这样，恐惧的力量会变弱一些，我们更容易从幻想中走出来。

给大家分享一个我孩子的故事。我的大女儿正在上小学，她的作息基本上很规律。有一次，她起床晚了，她的反应先是害怕，然后开始生气。我虽然没有惹怒她，但我成了替罪羊。她那一天甚至想找个借口不去上学，我想这是因为她有些害怕她的班主任。她的班主任赏罚分明、非常有威望，对调皮的孩子很严厉。即使这位老师从来没有对我大女儿发过火、说过重话，也给她一种老师很可怕的感觉。

我想我大女儿是被自己的恐惧吓到了，我觉得自己有责任帮助她确认一下现实与幻想。于是，我鼓励她去上学，并送她到学校门口。她很不高兴，那个时候她已经迟到了。但下午回来时，她挺开心的。我问她："今天怎么样？"她说："挺好的。老师说迟到要按照规则来处理：第一次迟到，提醒；第二次迟到，警告；第三次迟到，多打扫一次卫生。老师并没有像我想象中的那样严厉地处罚我。"

我的大女儿就是因为恐惧才把老师当成了怪兽，幻想自己会被严厉地惩罚。而现实是，老师告诉她按规则处理即可，并没有面目狰狞地吼她、凶她。恐惧会歪曲我们的现实辨识能力，从而影响自己的行为和反应。

在孩子回来之后，我思索着她在这件事情上的反应，感觉她的内心太紧张了。于是，我跟她说："你看，每个人对迟到的反应是不一样的。对于你这样非常守规则的孩子来说，我倒是鼓励你再迟到几次，大不了就是打扫卫生嘛，没有那么可怕。"孩子听到我在这件事情上的态度是这样的，就很放松了。

其实也就是打扫几次卫生，哪有那么恐怖？无非是恐惧的幻想增加了面对现实的难度。回归到真正的现实里，迟到了，尽快赶过去，跟老师道歉，接受迟到的规则就可以了。事情就这样变得简单、省力。

学会"定"有一个特别重要的部分，即对于最差后果的接受和面对。

比如，你的领导让你加班，但你并不想加班。我们来看一看你拒绝领导的要求后可能出现的后果：领导开明，接受你的想法，也不为难你；领导不高兴，你可能要面临惩罚。问问你自己："我可以接受最差的情况吗？"如果可以接受，你就能坚定自己的选择，同时还会有精力来思考到底怎么拒绝，采用什么策略可以保护自己的利益。

我有一位朋友，她是一家公司的董事长助理。她的一切事务都应该由董事长直接吩咐，但是董事长有一天对她说，另一个总经理也可以给她安排工作。她感觉自己的职责有一些混乱。于是，在总经理给我的这位朋友下达了任务后，她感到很不情愿，但又不能直接拒绝，毕竟董事长交代过。

这样完成了几次任务之后，她跟我抱怨："那个总经理很强势，什么事情都必须听他的，我很想拒绝他安排的任务。"于是，我问她："你觉得拒绝的最差结果是什么？"她说："离职。"我说："你能接受吗？"她犹豫了一下，坚定地说："能。"我说："好！那咱们就来看看应对策略，尽最大的努力，做最坏的打算。"

我俩一起讨论，最后得出了结论：应该将董事长锁定为沟通对象，因为他是一个好说话、明事理的人。跟他分析事情的利弊，有助于达成目标。

我跟她说："你要勇敢地表达你的意愿。你是董事长助理，你的主要工作对象是董事长。如果你被其他事情占用了太多精力，使工作质量下降，这会直接影响到董事长的工作的。再说，董事长助理不是人人都有能力做的，在总经理手下做事的人可以另外找一个。”我的朋友听了之后，立刻就有了力量感，感觉自己更稳定了。

对于最差结果的接受，使她放松了很多，我们因此有了时间和精力来分析对策、处理困难。她在表达自己想法的时候，也将会对事不对人，不会有什么附加情绪。

过了两天，我收到朋友的信息：“解决啦！根本没跟总经理有什么交锋，我按照咱们的策略向董事长反馈后，他说‘尊重你的意愿’，这事就成了。开心！”

学会“定”还需要肯定和认可自己。在任何时候，你都不要轻易地因为别人的一句话而否定自己。

有一位朋友留言说，她妈妈经常指责她忘恩负义，这让她很伤心。这句话简直就是紧箍咒，把她牢牢地拴住了，以至于她做什么决定都会因这句话而妥协。这实在让人心痛。

我们对自己的评价是怎样的？你真的是别人评价的那种人吗？如果你觉得是，那就接受这个现实，该怎么生活就怎么生活。如果你觉得不是，你是不是要让别人改变对你的评价才会罢休？这个时候，慌乱已经发生了：你被别人的评价影响了，你成了他们眼中的某种人。

其实，你只是你自己，独一无二的自己，他人的评价不能代表你。心理学上有一个防御机制，叫作投射认同。放在这里就是妈妈向孩子投放了一个忘恩负义的评价，如果孩子认同自己是忘恩负义的，那么这个投射认同就发生了。这个时候，孩子已经不是自己，而是他妈妈眼中的他。但如果孩子不认同妈妈的评价，那么他就不会被影响。

没有人可以定义另一个人是什么样子的。你在任何时候都要“定”住自己，都要有自己存在的感觉、自己的想法、自己的意志。当你能够跟自己在一起，能够照顾自己的利益、能够舒服地生活时，便根本就不会想攻击社会、攻击他人。当他人来攻击你的时候，你也不会动摇。

总结

(1) 被他人的意志影响，意味着在关系里你不能“定”住自己。

(2) 学会“定”，需要回到现实。在理念上要清楚，你和关系中的另一方都是人。

(3) 我们之所以不能“定”，是因为恐惧扰乱了我们的心智。你要学会把幻想中的被迫害恐惧移开，为自己的现实道路扫清障碍。

(4) 你要学会觉知恐惧，学会在意识层面区分幻想与现实，学会接受和面对最差的后果，学会肯定自己的存在。

学会“容”：为自己创造空间

“容”聚焦于空间，是对“定”的拓展。

说到空间，我想到的是它的另一面——没有空间。

这是我们很多人在受到攻击或者攻击他人时经常遇到的问题。

一位来访者跟我说，她和自己的孩子出门，不小心碰到了别人家的孩子。对方没有受伤，却破口大骂。我问她：“你感觉如何？”她说：“我那一刻是呆住了的，我没料到别人会突然破口大骂。我被吓到了，我没有空间处理这个困境。事情过去几天了，我好像才复苏，才感觉到自己被羞辱了，也感到愤怒。但当时，我没有办法反应。”

没有空间就像是你被逼到了一个狭窄的缝隙里，局促、憋屈、无助、绝望像洪水一样瞬间扑过来。这是一种死亡即将到来，仿佛一切都会不复存在的恐惧感，你的内在自我到了快要崩解的边缘，甚至已经崩解。

没有空间也可以被理解为一种幻灭感。幻灭感越积越多，当多到不能被消化的时候，会产生无意义感。一个女孩说：“我妈妈非要我按照她的意愿来选择专业、朋友和工作，如果我不按照她说的去做，她就要死要活的。我之前一直乖乖听话，有自己的想法、愿望也不敢声张。直到有一天，我发现我没有了活下去的愿望、信心。如果我的声音不能透过这密闭的墙，我终将带着柔弱的灵魂和枯黄的皮囊走进坟墓。”

当一个人用死这么强大的武器来威胁你，你和他之间就是生与死的关系。在这个女孩和她妈妈的关系里，她没有空间盛放生与死的焦虑，有的只是选择生与死的残酷。这种没有空间的关系，只能提供两种选择：白与黑、好与坏、我与你、生与死。

"生"意味着你必须以绝对优势强过对方，这很难做到。还有没有其他的办法？有。既然没有空间让你陷入了困境，那么为自己创造出空间就可以有更多的选择。

你可以这样做：从冲突里后撤一步、两步，甚至多步，同时暂缓你的反应，把冲突先放一放——不是放弃，而是暂停。

如果双方都后退，空间就变大了；如果对方不退，你退，空间也会变大，只是大得有限；如果你退了，对方紧追不舍，完全不给这段关系任何空间，那么至少你还可以选择转身。有了空间，情绪就会有缓冲的余地，事情也有了解决的可能。

给大家分享一个我朋友的故事。她跟我说，她的领导没有问过她任何意见，直接对她的客户做了放弃处理，并让同事告诉她，以后不要再跟这个客户来往了。这真是令人生气！一个稳定的客户不是那么容易就能培养起来的，虽然这个被放弃的客户算不上大客户，但也跟公司有过一些合作。领导选择放弃的原因是这个客户投诉过一些令他不舒服的细节，他认为这个客户太刁钻了，不好相处。

我这位朋友知道的时候是在上午，当时她气得只想骂人。但她上午马上要开一场会议，下午也被安排得满满的，所以她没有时间理会这个突发状况。到晚上下班的时候，她忽然想起了这件事。这个时候，她发现心里的气消了不少。于是，她开始想办法应对这个情况。第二天中午，她想好了对策。这时，她昨天感觉到的领导的“巫婆形象”已经发生了变化，变成了一个人。虽然仍然是一个有些让人讨厌的人，但敌意已经大大地缓解了。

她的对策是：跟领导说她理解领导的初衷是为公司着想，但是对这件事她有自己的看法，希望她的看法能够得到尊重。最后，这件事情得到了圆满解决。

朋友跟我说这件事情的时候，我被“时间”这个词给吸引住了。我问她：“如果当时你没有会议以及满满当当的工作安排，你会怎样？”她说：“我很有可能头脑一热，跟领导说一些特别不好听的话。但其实，我也不希望这样。”

在爆发冲突的那一瞬间，你死我活的感觉被激活，你的主体性被威胁，攻击他人是很常见的自保行为。

一段关系，如果只是“一次性”的，那面对关系中的冲突大概不会有太大的压力。但很多时候，我们的关系是“多次性”“重复性”的，那么，我们早晚都得面对冲突。既然怎么都要面对，干脆让时间变慢一点儿，让空间变大一点儿，这样情绪的张力也能缓和一些，为我们创造更有利的时机。

当我们感觉自己要被消灭的时候，也会想把对方消灭。当空间被创造出来后，我们的主体性会被重新确立，被强大力量消灭的感觉也会慢慢消失。当我们更能够感觉到自己的存在时，也就更能够允许别人的存在。这个时候，我们和关系中的另一方不再是你死我活，而是可以共同存活。

学会“容”，要试着在你的内心培养一个有力量的人，这个人可以在空间里帮你消化情绪。

起初，一个婴儿渐渐长大的过程中，是由养育者来承担这一部分功能的。比如，一个孩子在生气的时候，妈妈会陪伴他、理解他，给他支持和尊重，允许他有自己的决定。随着这样的次数渐渐增多，这个帮助自己处理情绪的父母形象，就会内化进孩子的内心，成为他们的一部分。在孩子遇到困难的时候，就可以启动这些资源，消化困难的情绪，抵御孤独。

我们很多人其实没有这个内在的照顾者角色。若是比较严重的缺失，我还是建议你去寻求专业人士的帮助，因为在无意识层面有很多深层情绪，需要专业人士来处理。不是很严重的缺失，则可以通过跟朋友相处，认识一些你觉得可以给你带来力量的人，找到一个很有爱的伴侣，来得到补偿性满足。

在心理咨询中，咨询师会承担这样的功能。在来访者的每一次表达里，咨询师都在帮助他理解那些幻想，处理那些难以忍受的情绪。

专业的咨询设置，为他们的关系提供了一个安全的空间。在我跟我的来访者最初见面的几次咨询中，我都会告诉他们，在我们的关系里，不只是开始你有的这些好的情绪，到后面你可能会有对我很失望、对我愤怒的时候，我希望那个时候我们能够有机会回到咨询室里来交流。只要双方坚持无论发生什么，关系都不会断裂，那么这段不断裂的关系就为改变的发生提供了扎实的基础。

学会“容”，要分清界限。界限模糊的时候，空间也就消失了。

一位妈妈跟我说，她最近很累，忙着照顾孩子，孩子上学迟到，她比孩子还要着急。如此几次之后，她原来可以忍受的孩子的事情，现在变得难以忍受了，她总是挑剔孩子。

这样的焦虑、烦躁，大家都很熟悉吧？所谓“操碎了心”，就是把自己该操心的、不该操心的都承担了。那能不累吗？把孩子的一切事情当成自己的事情，这是一种吞没式的关怀。

本来是孩子和妈妈共同完成的事情，因为妈妈的独自承担，变成了妈妈一个人的事情。双方的边界模糊不清，至少在妈妈这里是这样的。两个人的空间有很大一部分重合了，又或者说，妈妈的空间覆盖住了孩子的大片空间。

假如孩子配合，会让妈妈有一种自恋可以满足的兴奋感。这个时候，妈妈愉悦的情感多。但是，孩子不配合的话，妈妈感觉到的是挫败、难受、失望，这些感觉需要空间来消化和承载。可妈妈的空间此时已经所剩无几了，她没有办法马上腾挪空间来应对这样的挫败和失望。

没有边界，就没有空间，也就没法真正地照顾好自己。

怎样分清边界？

我认为很多人对自己的边界是有感知的。在一段关系里，感觉不舒服了，可能就是最直接的边界感。比如，在我们刚刚说到的这个故事里，妈妈的不舒服在于，她很着急，孩子却不像她这么着急。这个时候，需要回看一下：妈妈为什么会不舒服？她有没有过界？每个人，哪怕是孩子，也要学着对自己的事情负责任。妈妈的责任是提供养育条件、支持、陪伴，而不是代替孩子面对迟到的后果。

对于妈妈来说，比较考验她的是：如果不去代替孩子，自己的内心会经历什么？由这些引发的一系列情绪，是妈妈要自己去面对和承担的。这就是个人的事情个人负责。

那么，怎么守住自己的边界？

有一次，因为我要处理一件事情，认识了一个小姑娘。她问我做什么职业的，我说："心理咨询、讲课之类的。"她听了之后说："我有失眠的问题，你能不能帮我治一下？不要钱吧？"我一听，感觉一股力量扑了过来。我心里想了一下，用很轻松的语气回复她："肯定不会要你的钱啦，但是我不能给你治呢，因为熟人我们治不好，就像医院的医生不给熟人做手术一样。"她说："啊？还有这种说法啊？我们刚认识，不算熟人吧？”我说：“算的，我们这样是多重关系，治不好啦。”

这样的回复，我觉得很放松，因为我说的是忠于我内心的话，也明确表达了我的边界。我不在乎她怎么想我这个人，我要告诉她的是，我能做什么，这就是我的边界。

守住边界，你要明确自己的方向以及力所能及之处。是或者不是都是很清晰的，而说话的语气、语调、方式可以很柔软，这就是有弹性的边界——柔软而坚定。

同时，我还想告诉你的是：请在你的内心坚信自己值得。你要相信，你是自己世界的国王，你镇守自己的边界，是天经地义的事情。你不守，谁替你守呢？当你的内心坚定自己的存在、自己的价值时，你就会有力量和智慧。

英国女王伊丽莎白一世是历史上极具力量的女性领袖。她不靠别人，她靠自己。她会使用手中的资源，用自己的智慧和勇气，维护英国的存在。当有异党试图威胁她时，她在恐惧中跟自己说：“我爸爸是国王，我是我父王的女儿，我一定要和我的人民在一起。”她的勇敢、坚定以及信任自己的勇气，使她守住了王位，她的统治使英格兰成为欧洲最强大的国家之一。

请坚信自己的珍贵，永远。

总结

(1) 没有空间是我们很多人在受到攻击或者攻击他人时经常遇到的问题。

(2) 为自己创造出空间，可以让你有更多的选择。

(3) 学会“容”，要试着在你的内心培养一个有力量的人，这个人可以在空间里帮你消化情绪。

(4) 学会“容”，要分清界限。

学会“真”：有勇气看见真相

“真”即真相与残缺。

一个男孩，小的时候跟妈妈讲各种自己觉得很厉害的事情，但妈妈手里总是拿着一本书，并不理会他。于是，男孩被看到的需要就一直没有得到满足，一直残缺。多年以后，他成就了事业，用他的成绩让这个世界看到了他的存在，他得到了鲜花、美女、掌声、金钱、地位，却忽然觉得没有了激情。

残缺是纵使这个世界都看见我，你却看不见我，这个看不见的期限，是永远。残缺是无论我有多么大的能耐，我都回不到过去，请你重新爱我一次。我们每一个人都有这样的残缺：有些人失去了身体的一部分，有些人失去了心爱的人……还有，我们每个人都会失去过往的岁月。

失去，让我们体验无助、羞耻、愤怒，让我们的内在变得不完整了。而不完整导致了痛苦，痛苦让人们烦躁、沮丧、挫败、恐惧，这些情绪唤起了人们的攻击性。人们攻击世界是因为痛苦，痛苦让人变得执着而悲壮。

一位朋友跟我说，她有两个孩子，孩子爸爸忙着上班。她有暴躁的问题，持续几年了，没有好转的迹象。她一直要求自己做一个好妈妈，但是，总是在某些时候崩溃，把自己的好妈妈形象毁掉。她越要求自己，就越痛苦；越痛苦，就越向外爆发。纵使她不想伤害自己的孩子，他们也会被波及，甚至难以避免地成了她的情绪垃圾桶。

我说：“你就是太累了，没有照顾好自己。”她说：“这些年失去了太多，两个人的甜蜜时光不知道什么时候悄无声息地走了。晚上的安稳睡眠，好像成了奢侈。我已经很久没有跟朋友们一起去看电影了。”

这位朋友把所有的时间都留给了孩子，失去了自己。一个把大把时间都留给孩子的人，如果并不觉得幸福，那很可能是过度付出。过度付出可能并不是现在才有的，她可能在小时候就已经承担了大人的职责，负责照顾父母的情绪。这又是一种失去，她失去了童年那本该轻松、快乐的时光。

她这样感慨：“小的时候愿意当大人，终于有一天成了真正的大人，再也没有人说自己了。这才发现，再也做不回孩子了。可是，做孩子的愿望无时无刻不在心里。”这大概是很多人在小孩子闹的时候没有耐心的原因。除了父母没有耐心对待过你，还有你在那个时刻就像一个小孩子，你渴望着有人来陪伴你、关照你。这个时候，你根本没有力气再去承接孩子的任何情绪了。

这是不是很残酷？你曾经被你的父母狠狠地攻击过、残忍地忽略过、愤恨和指责过，你知道那种痛，所以，你不想这样对待你的孩子，但是你做不到，你甚至发现自己也成了自己非常讨厌的样子。很多人都是这样，他们只学会了他们讨厌的东西，他们没有办法爱自己，只能无情地苛责自己。你对自己有多苛刻，你内心就有多痛；你内心有多痛，你就有多想去攻击。

曾经有一句话是这样说的：“我们最大的勇敢，是真实地活着。”这需要勇气、需要力量。我们要怎么做呢？

1. 看见真相

一位朋友曾经对我说：“我以前常常觉得，活着是因为对爱与被爱的渴望与向往，现在想来，一直支撑我的，还有对真相的渴望。想起武老师签书时常用到的一句话——‘真相是永远的 No.1’。真相有疗愈力。那天我们聊天，说到每个人到最后都会发现父母伤害我们的真相，都会对此有一个自己的解释，这就是疗愈。”

她的话特别打动我。真相是什么？真相就是你眼中看到的一切，以及你还没有来得及看到的一切。

我跟这位朋友聊天时，谈到我们总觉得父母伤害了我们，这一切都该归罪于他们。这是真相吗？这可能只是真相的一部分。我小时候摔坏了一个盘子，我还没反应过来，我妈的一巴掌就拍到我脑袋上了，与之相伴的还有我妈妈的责骂。年少的我倔强而害羞，愤恨地认为我在她眼中连一个盘子都不如——这是我看到的真相之一。

长大了之后，我跟我妈妈提到这件事。她的眼圈泛红，但还是生硬地说："是啊，那时候盘子好贵啊。"我从妈妈有点儿哽咽的声音里听到了愧疚，只是她还要维护一下她的尊严。

我妈妈给我做小龙虾时，会把小龙虾的肚子一个一个地刷干净。我说："妈，别这么麻烦。"她说："不麻烦，以前没钱给你们买好吃的，现在你想吃，我买得起，也有空做给你。"我心里忽然酸酸的。我以前只觉得妈妈总是苛责我，只觉得她暴力而彪悍。我一直都认为她是个坏妈妈，在心里无数次地谴责她，从不知道她还有这么柔情的一面。

真相是什么？我们可能需要很多年才能看到一个人更加完整、立体的样子，我们可能因为曾经受的伤，只看到了别人的一个面。但是，这没有对错之分。

我们应该对真相保持开放的态度，去体验、去尝试、去看见。真相可以帮我们减少误解，走出幻想，来到现实，并在现实里，创造更多的爱和希望。

有一次，我和一个姑娘谈她的妈妈。她谈到她妈妈的叛逆期，她妈妈在十五岁时，竟然在她姨妈的帮助下，拿着户口本逃离家里，在外地找了一份自己中意的工作。我给她反馈："你的妈妈又倔强、又勇敢。"她说："你这么说，我忽然发现我的妈妈是个活的人，是个有感情的人。而在此之前的很多年，我都觉得她像个机器。"

当我们走近妈妈，更深地了解她们时，才发现她们的很多故事，我们没有懂。

2. 面对

我希望你能有勇气面对真实的自己和真相。

这非常不容易。要知道，费尽力气去防御、躲避，为的是哪般？当然是为了不感受痛苦和羞耻。是的，人们会自己启动保护机制，这在很大程度上缓解了压力。但是，问题并没有真正解决，一直在来回摆荡。你从来都没有离开那个痛苦的中心，如果你想打破这种状态，需要将你的勇气释放出来。

可能真实的自己是有残缺的，是不完美的，甚至是脆弱的，那就面对自己，不逃避。这就是自己，不管你怎么想逃避，自己还是在那里，不离不弃。这一切，都是你的一部分。请你尝试把它们一个一个地安放好，尝试跟它们一个一个地对话，你会发现很多惊喜。

要知道，你在做世界上最勇敢的事情。这可能会唤起你的恐惧、无助、焦虑，甚至愤怒。没有关系，让这一切经过你。这就像是一场痛苦的洗礼，未来你会看到这么做的价值。

面对是最节省成本的解决痛苦的方式——人们的很多痛苦都是逃避的痛苦。

3. 接受

接受自己的局限，接受曾经发生的一切。

人们对自己最狠的地方，就是觉得自己不够努力。不接受失去的人每天都在折磨自己：如果我多努力一些，我就不会失去这个机会了；如果我多努力一些，我就会把这件事做得更好。

说这是“最狠的地方”，是指人们在跟自己内部的超级自恋作斗争。我在生活里、临床咨询里看到过很多明明已经很努力，却仍然觉得自己不够努力的人，他们不原谅自己，不接受已经发生的过往。这当然是因为痛苦：失去，太可怕了；接受，太难了。

可是，如果你知道你已经竭尽全力了，你是否还忍心责怪自己？希望你尝试从现在开始照顾自己，尝试拥抱自己、接受自己。没有人不犯错误、不干蠢事，你并不需要把自己当作一个全能神仙，你并不能够让时光倒流。在漫长的和时间赛跑的过程里没有赢家，你只能跟随，并且尊重这些发生。

如果你尽力了，但还是不能接受，怎么办？答案是接受自己现在还接受不了。我并不是要你为了接受而接受，而是要照顾好自己，觉察自己的节奏。能接受固然好，不能接受就慢慢来，顺其自然。

4. 重生

当你能够看见、面对和接受时，就能够和过去的那些伤痛慢慢告别，开始重生之旅。这个时候，你已经变得更加自由、更加有力量、更加有勇气，也更加有信心了。逝去的不会再回来，倒塌的却可以重建。

5. 希望

在电影《少年派的奇幻漂流》里，支撑主人公活下来的一句话是："永远不要放弃希望。"这也是我想送给你们的话，让我们在真实的世界里深情地活着，永远不要放弃希望。

总结

（1）失去是一种残缺，让我们体验无助、羞耻、愤怒、烦躁、沮丧、挫败与恐惧。这些情绪唤起了人们的攻击性。攻击的原因是痛苦，痛苦让人变得执着而悲壮。

（2）你对自己有多苛刻，你内心就有多痛；你内心有多痛，你就有多想去攻击。

（3）"我们最大的勇敢，是真实地活着。"这需要勇气、需要力量。我希望你能有勇气去看见、面对真实的自己和真相，对真相保持开放的态度，接受自己的局限和曾经发生的过往，然后就会迎来重生。

（4）让我们在真实的世界里深情地活着，永远不要放弃希望。

互动：减少苛责，接受当下

有朋友询问我："如何应对喜怒无常的人？我小时候，我的父母就喜怒无常，在我成绩不好的时候，他们有时候会打我，有时候会骂我，有时候可能只是继续跟其他人聊天。同样地，我成绩好的时候，他们可能打、可能骂、可能夸，可能没反应。这种时候，真正的恐惧会出现：到底什么时候打？有时候，我甚至想激怒他们，让他们打我一顿或者骂我一顿，我好继续写作业。他们立刻打或者骂，其实对我来说是最好的情况，因为他们打完，我就可以专注自己的事了。

"长大后，我面对社会上的人，发现这种模式不再有效了。这一点让我很累，因为我不知道别人的下限和上限在哪里。这时候，最恐惧的部分又会浮现：靴子怎么落地，以及什么时候落地？这种恐惧怎么应对？"

这是一个关于"定"这个部分的经典留言。这位朋友之所以不能够"定"，仍然是在心里发生了"我很弱，对方很强"的认同。为了抵抗这种认同，他必然会让自己处在防备状态，这种恐惧让他想先攻击，这样他才会心安。这是小时候这位朋友和他父母之间形成的一种模式。当他把这种模式带入社会时，它不再有效，因为社会上的其他人和他的父母有相似的地方，但也有很多不同。

怎样应对这种恐惧，让自己“定”下来。

这位朋友提到了寻找别人的上限和下限，这是一个防守策略，说明他的内心仍处于防守状态。这也意味着，他很容易向别人释放自己的敌意。这个时候，别人就很有可能接收到敌意，也进行防备。这样，关系的进展往往不会很顺利。我们需要内心有感受危险的能力，但这不意味着随时都剑拔弩张，这不利于关系的发展。

我们需要稳住自己的恐惧。因为恐惧影响了我们的判断：“别人到底是怎样的人？他们会不会伤害我？我要不要出手，出手到什么程度？”

让自己“定”下来，最核心的方向是，你需要知道你自己想要什么，然后以自己为圆心向外辐射。

当这位朋友说“靴子怎么落地，以及什么时候落地”的时候，他已经被幻想中的父母的反应和自己的恐惧影响了。他没有跟自己在一起，成了父母眼中那个无论做什么都会被可怕对待的小孩子。这个时候，他应该尝试看一下自己的内心：“我只是很害怕，我的目的不是攻击别人，只是想缓解恐惧。”

当我们明白自己想要什么时，就可以尝试安抚自己了。这时，我们要提醒自己：这是曾经的经历带来的情绪。我们可以深呼吸，并尝试用缓慢的节奏跟自己那个曾经受过伤的内在小孩说：“亲爱的，我知道你很害怕，我正在陪着你。慢慢地，慢慢地，你的节奏会缓下来，会将你带回当下，睁开眼睛看一看当下的人，是不是像自己幻想中的那么可怕？如果是，你可以暂时远离，等到有力量了再面对。”如果在这个过程中，我们确认了对方就是会伤害自己，当时可以还击来保护自己。

在这位朋友描述的场景里我还看到，他的父母的反应是没有任何章法的。我猜这可能引发了他的另外一种恐惧：对于不确定的恐惧。这种恐惧的不确定性会让我们启动幻想，而在幻想中，恐惧有可能成倍地扩大。这会带来极大的失控感。

所以，相比父母没有反应，这位朋友反倒希望他们能有点儿什么反应，这样，就会有确定的感觉，而确定代表着某种安全。虽然这种确定有伤害的味道，但是熟悉的感觉如此重要，因为它代表着某种内心的连接。

对于这类恐惧，理解自己是很重要的，尤其是看到自己在这类恐惧中的无力和愤怒。但是，以我个人的体验，它不是单纯地依靠某种具体方法解决。因为这是发生在关系里的困境，需要在关系里解决。

我现在越来越发现，自我疗愈不是全能的，不是什么都能靠自我疗愈解决。有一些方法可以使用，有一些方法则根本没有作用，反倒因为是一个人，很容易走进误区，陷在里面出不来。

一位朋友留言：“我的孩子经常对我表达攻击性，往往是抱怨我照顾二宝比较多。但是，我经常处于手忙脚乱的情况，就会不耐烦地攻击回去——‘不要说这样的话了！我很烦的。’我很希望我能做她表达攻击性的外部容器，不知该怎么做呢？”

这是一个非常具有代表性的问题。首先，作为一个也有两个孩子的妈妈，我对这位朋友的反应表示深深的理解。我相信这位妈妈已经尽了全力，想好好爱每一个孩子，只是她的精力有限。所以，要想传达自己的爱，外在的扩容的确非常重要。

怎样做好一个外部容器呢？

首先，需要空间。照顾者的内在空间大一些，才能够容得下孩子的情绪。从这位朋友的反应来看，她的疲惫已经让她的空间变得比较狭窄了。所以，她要做的最重要的事情，就是减少自己照顾孩子的时间，请其他人来照顾，让自己休息。人们在自己没有被照顾好，却还不得不照顾别人的时候，是没有耐心来承接别人的任何一点儿情绪的。所以，我建议这位朋友，也建议其他有类似情况的父母：照顾好自己。只要你下定决心，想照顾好自己，你就会找到时间让自己放松。

其次，在空间够大的时候，要能装下孩子的情绪。装下的意思是，孩子传递过来的情绪，至少可以在父母这里留一段时间，不要急于反弹回去。像这位朋友说的不耐烦地攻击回去，就意味着没有装下。在这个部分要注意的是：稳住自己。这就要用到“定”那一部分的方法。

最后，孩子在发展过程中可能出现各种各样的情绪，父母要做到接纳、包容、调节它们，赋予其意义，然后返还给孩子。当孩子的情绪能够被看见、理解，并收到父母消化后的反馈时，孩子就会从这个过程里学会理解自己、耐受痛苦。这样，孩子容纳情绪的能力也会提升。这是一个促进心智化发展的过程。

二胎家庭中的大孩子必须面对这样的事实：他还有一个弟弟或者妹妹。这需要他去面对、处理。这个过程非常考验父母，父母需要去了解的是：孩子这么说是在表达什么呢？也许他在表达对理想化妈妈没有满足他的愤怒，对于失去了曾经的爱的悲伤，对于他再也不是妈妈唯一的孩子的无助。

如果孩子非要缠着妈妈抱怨，一定是这个孩子自己已经无法承受这些情绪的困扰了。其实，每一个人的内在发展一般都是会先使用自己的内在资源。当内在资源不够用的时候，才会求助外界。当孩子跟妈妈撒气的时候，也正是他的内在已经没有空间、没有力量处理情绪的时候。他并不是无缘无故地来烦妈妈，是在向妈妈寻求帮助。

在此，建议这位朋友尝试这样表达：“亲爱的，我知道你的感受了。妈妈希望能够找时间多陪陪你，让你感觉到妈妈依然爱你。”接下来，要说到做到。大孩子那里经历的丧失感，需要妈妈多一些陪伴，才能够确认妈妈的爱没有离开。这种爱可以帮助孩子应对丧失感，当他有更好的方式确认妈妈永远爱他时，他就不需要总是用攻击妈妈的方式来确认了。

除了这些，父母还可以多观看孩子的游戏，甚至参与进去，分享他们的快乐，而且给予热烈的赞扬和肯定。这些都是容纳功能的具体体现。

有一位朋友说：“我真的就是超级容易被人影响的那种人，而且我心中总有个否定自己的声音。比如，如果我买了一个在线课程，听了两堂课，感觉没什么我想要的干货了，我心中就有个声音说：‘让你别买，你非要买，乱花钱的玩意儿，你就知道败家。’这时，我就感觉自己很有挫败感。我该怎么办？”

这位朋友之所以会被影响，是因为他不能坚信自己选择的价值。这背后是因为他无法接受丧失之痛。虽然只是一个在线课程，但对他来说，就是一个很大的损失。当一个人对自己的选择很不确定时，就给了“苛责的父母”指责他的机会——心中的那个声音，通常源于被苛责对待的经历。

怎么办？最重要的秘诀就是，减少对自己的苛责，接受当下。

就在此时此刻，我们的确是感觉到不舒服、有挫败感。这就是当下最真实的存在，我们的身体不会欺骗我们，我们的感觉也不会欺骗我们。这些感觉非常值得存在，这甚至让我们体验到，我们正在投入自己的生命。

有一些不舒服的感觉，不代表要否定之前的选择。那个时候一定有那个时候的需要，这个时候的感觉也很重要，它们都可以存在。没有做一个完美的选择，几乎是我们生活的常态，这不能成为受责备的理由。

每一个人都是从丧失中成长的。当我们买了一件衣服，却觉得并不那么喜欢时，我们会知道自己为什么不那么喜欢，渐渐会确认自己真正喜欢的风格。买在线课程也一样，除了内容的需要，我们还会思考为什么买这个课，感觉怎么样，是不是我们想要的，等等，这些都在帮助我们不断成长。

后　序

在这本书里，我用了十来万字给大家分享攻击性的多个面向。在第一章的美学篇，我安排了三篇，分别是“真实之美”“活力之美”“流动之美”。之所以这样设计，是因为在本书的最初，我最想让大家感受到的是：希望。

我们都带着曾经的痕迹来到现在，我知道，很多人都曾经在或者还继续在自己的苦难里挣扎，无论这个过程多么不容易，至少都还没有放弃。这是一种关于希望的力量，它来自我们的内心。

人们惧怕攻击性往往是惧怕它的破坏性，甚至很多人认为破坏性就是攻击的全部。他们很害怕这个破坏性会带来灾难性后果，害怕自己会伤害他人，也害怕自己会被他人和这个世界伤害。但是，这只是攻击性的一部分。

恐惧束缚了人们的思想和手脚。事实上，这种对于攻击性等同于破坏性的理解，其实没有找到破坏性与创造性之间的平衡点。就像火，使用得好，就可以帮助我们把生活变得更好；使用得不妥当，就会酿成灾难。当我向大家呈现攻击性的美学维度的时候，是想告诉大家：不要被你的恐惧吓倒。在一些关系里，少量破坏性的攻击性，是对关系发展有促进作用的。

对大家非常有挑战的是，怎样找这个平衡点。我的建议是：在现实中尝试。世界上没有任何一段关系是完全一样的、可以复制的。我所说的一切都只是参考，只有自己试了，才知道在一段关系里，到底到什么程度需要停下来，什么时候需要前进。

重点是，反复确认你的感觉：舒服，还是不舒服？一个让自己舒服，对方也舒服的点就是一段关系中的平衡点。如果只让一方舒服，那么这段关系就是失衡的，需要重新调整。这有可能并不是一步到位的，需要不断地磨合。你需要给自己时间，慢慢地寻找。

在“美学篇”之后，我写了“神仙篇”。这个部分是承接“美学篇”的，其核心部分就是：幻想。

人们被困，不是被现实的困境所困，而是被幻想的恐惧所困。幻想，在人们的心智发展中占据了相当大的比重，是非常忠实的伙伴。我认为理解幻想，有助于我们理解攻击性是怎样发展的。

本书的最后一章讲的是理解和看见。其中又分为三个章节，分别讲了攻击性与抑郁、焦虑的关系，主动攻击与被动攻击，以及解决一些攻击性带来的问题的方法。因为我念念不忘少年时期最爱的武侠小说《射雕英雄传》，所以我将这一章取名为“江湖篇”，小标题也借用了金庸先生的几组名词。所有的攻击性最后都要与这个世界碰撞，这才是真正的江湖。

“江湖篇”所占全书篇幅最重，我的重点在于各种非常细腻的情感体验与攻击性的关系，以及各种各样的攻击性展开的例子。这样做是为了向大家传递这个理念：你的苦难有人经历过，你并不是一个人在孤独地面对，你的感受是完全可以理解的；如果你准备好了成长，未来是会有很多希望的。

本书的内容基于我对攻击性的理解。一个人为什么要攻击这个世界、攻击自己呢？核心原因就是：他过得不舒服、过得憋屈、过得压抑。他的生活变成了一场痛苦的行走。我深深地理解这种痛苦，在将这个残酷的现实呈现给读者的同时，我也试着在这本书里和读者分享、反馈和互动。我很荣幸你们给了我这样一个机会。

我的这本书就到这里了，虽然仍有遗憾，此刻却觉得圆满。我依依不舍地敲下最后的文字，深深地祝福你们活出充满力量的自在人生，期待未来灵魂深处的遇见。

磨铁

上架建议：畅销 · 心理励志

ISBN 978-7-5142-2720-8

陪你凹出读书新姿势

9 787514 227208 >

定价：45.00元